# 创意街区的理论与实践

[日] 福川 裕一 / 城所 哲夫　著

杨孟泽　译

清華大學出版社

北京

北京市版权局著作权合同登记号　图字：01-2021-5181

“MACHINAKA” KARA HAJIMARU CHIHOSOSEI: KURIEITHIBU TAUN NO RIRON TO JISSEN by Yuichi Fukukawa, Tetsuo Kidokoro © 2018 by Yuichi Fukukawa, Tetsuo Kidokoro. Originally published in 2018 by Iwanami Shoten, Publishers, Tokyo. This simplified Chinese edition published 2023 by Tsinghua University Press, Beijing by arrangement with Iwanami Shoten, Publishers, Tokyo



图书在版编目（CIP）数据

创意街区的理论与实践 /（日）福川裕一，（日）城所哲夫著；杨孟泽译．—北京：清华大学出版社，2023.1

ISBN 978-7-302-61862-1

Ⅰ．①创…　Ⅱ．①福…　②城…　③杨…　Ⅲ．①城市规划－建筑设计－研究－日本　Ⅳ．① TU984.313

中国版本图书馆 CIP 数据核字 (2022) 第 174866 号

责任编辑：孙元元
装帧设计：任关强
责任校对：王凤芝
责任印制：杨　艳

出版发行：清华大学出版社
网　　址：http://www.tup.com.cn, http://www.wqbook.com
地　　址：北京清华大学学研大厦 A 座　　邮　　编：100084
社 总 机：010-83470000　　邮　　购：010-62786544
投稿与读者服务：010-62776969, c-service@tup.tsinghua.edu.cn
质量反馈：010-62772015, zhiliang@tup.tsinghua.edu.cn
印 装 者：小森印刷（北京）有限公司
经　　销：全国新华书店
开　　本：140mm × 210mm　　印　　张：8.375　　字　　数：172 千字
版　　次：2023 年 1 月第 1 版　　印　　次：2023 年 1 月第 1 次印刷
定　　价：89.00 元

产品编号：088357-01

# 前　言

如今的老旧商业街[1]大都已经关门大吉，变成地方城市中的一道风景。在城市近郊，坐落着颇具魅力又十分便捷的大型购物中心，那里汇集了各类商店、美食广场、一体式影院等生活服务设施，每天都举办着不一样的活动。那些舍得停车费用、特意前往破烂不堪的中心商业街消费的群体消失了，这其中可能也存在一定的必然性。

与此同时，在经受了东日本大地震和海啸（2011 年 3 月 11 日）的摧残之后，石卷市的中心商业街内全民皆可参与的众创办公区、店铺内部的咖啡角、街区中以少儿群体为主体的儿童活动中心等设施，不同于以往中心街市的概念，为新型城镇的萌芽带来了无限遐想。虽然才刚刚起步，但新型城镇的创建正在悄悄地成为一股从根本上转变全国地方城市建设方向的强劲动力。

其实，新型城镇的萌芽虽不如只能从零开始的受灾地区那般显著，但在日本随处可见的地方城市老旧商业街当中，也成

---

1. 译者注：原文为“シャッター通り”（Shutter Street），字面意思可译作“卷帘门紧闭的街道”，形容商业街中因商铺大面积休业而放眼望去全是卷帘门紧闭的景象。本文中意译为老旧商业街。

为不断催生而出的一种现象。这种新的动力是何物，又将何去何从？如何才能真正推动它的开展？……关于这些问题，笔者将在本书中一一解答。

本书将上述基于新的动力发展而来城镇样貌表述为创意街区（Creative Town）。就结论而言，创意街区指的是“集结各类创意人群，以此活化包含周边区域在内的地域生活方式、打造可持续发展的全新产业，从而推动新型城镇的产出的街区”。

创意街区不是单一城镇，而是以其为核心广泛扩展的重塑和发展所属地域的经济和社会的牵引力。接下来就以两部分、九个话题的结构，拉开“地方复兴由‘街市’而生”的帷幕。

# 目　录

# 引　言

## 推进创意街区建设的原因

自1991年以来，经济的低迷已经持续了20年的光景，不久之后即将迎来“失去的30年”。这段时期，特别是日本地方的经济和社会遭受冲击，陷入疲敝。随着“地方创生”[1]这一新提法的出现，政府设立了城镇·人文·职业创生本部，切实着手提供政策支援，但其成效并不明显。为了走出这重重困境，各地区间萌生了有关地域再生的探索。NHK的地域建设档案中记录了诸多案例[2]，比如运用各地物产的新兴商业，适应全年龄段的设施建设，巧妙利用古民宅衍生而来的“酒店街区”等，都是为了保护、培育和宣扬那些与丰富自然资源共生的地域生活方式及相关的尝试。

本书旨在解析这些地域街区再生的动态，为各地域中心城市的街市再生提供一些建议。地域生活方式能够得到升华、发展和繁荣，正是源于其所属地域中心城市里的街市。街市孕育

---

1.“地方创生”：2014年6月推出的《经济财政运营和改革的基本方针和发展战略》中加入了安倍经济学的内容，同年9月3日安倍第2次改造内阁时设置地方创生担当大臣一职，石破茂担任相关职务，此后“地方创生”开始步入正轨。首相安倍在当日的记者招待会中作出如下发言：“除地域活化之外，集中地方分权、道州制改革等所有可行的与地方政策相关的权限，设置全新的地方创生担当大臣，该职务囊括政府整体，制定和实施大胆的政策，是地方创生的司令塔。”同年9月5日“城镇·人口·职业创生本部”设立，11月21日“城镇·人口·职业创生法”通过决议，2014年度修正预算中被记入约有4200亿（约233亿人民币）的地方创生交付金。这里的“地方创生”以历来的地方经济对策（特区、地域再生、城市再生、中心街市活化等）为中心，应该还包含更多的政策层面中的含义。不过它的目标是地域中经济社会的再生和活化，都可直接译为英语local（regional）revitalization。此处，选用了时事用语且具有稳定感的“地方创生”（地域再生）一词。

2. https://www.nhk.or.jp/chiiki/ 通过此网站可查找本书列举的石卷和长滨等案例的相关视频资料。

了各地域特有的城镇样貌和文化，吸引当地和外地的人口创造出了属于这片土地的繁华（节日庆典就是其象征所在）。热闹的街市也是其地域经济兴盛的写照。

然而，如今的街市伤痕累累。我们需要把受伤的街市作为支撑、培育、增强和宣扬地域独特生活方式的据点，让街市重获新生。按照设计规范对街市实行渐进式开发（或保护），丰富地域内基本市民服务，同时也要促进振兴立足于该地域特有生活方式的产业，引导出根植于地域整体风土人情的内发式产业并促进其发展（生活方式品牌化）。依据《中心市街地活性化法》[1]规定，“中心街市”随管辖范围的扩大，政策影响力趋于衰退。在这里我们与其区分开，设定街市的范围在几公顷至十几公顷之内，并将其命名为“创意街区”。

要实现地域再生，就必须构建一个不同于已有思路的、致力于解决地区课题的新架构。其关键在于“街市再生与生活方式品牌化的组合搭配”（图 0-1）。

地方城市面临重重困境，诸如经济停滞、雇员减少、缺乏地区社会凝聚力、地域文化衰落等。要解决这些问题，已经不能依赖于吸引工厂进驻等“外发式发展”的价值理念与思路，而是要把目光转向地域内部，使之内发且自律地培育出源源不断的生命力[2]。其重点在于，最大限度地激活各地区资源及其

1. 编辑注：中心市街地，类似于中国的历史街区；活性化，意即复兴与再造。本书法律沿用日语原有汉字。
2. 高村（2011）。

**地域经济与社会的再生**

将收缩城市街区这一不可避免的课题，通过地区生活样式的品牌化（产业化）加以支撑，重新构建田园城市，从而实现地域经济与社会的再生

**街市紧凑化**

* 改造主要城市的中心街区，及其周边城市、城镇、村落的核心地段，实现舒适的公共空间及美丽的城市景观，保护生机盎然的农田和丰富多样的自然环境
* 创建能够汇聚人群，恢复原本生活样貌，培育、增强、宣传拥有地域独特生活方式的空间
* 实现低碳社会（改造已有街区就是最好的再利用，减少因汽车尾气导致的$CO_2$排放，保护重建农业用地和绿化用地）

**生活方式品牌化**

* 促进地域特有的生活方式（文化、风俗、土特产等）在中心街区中实现产业化
* 在商业街中，通过饮食将农业和商业结合于一体
* 杂货和手工艺品则把匠人、工业和商业紧密联系在一起
* 时尚行业让当地产业和商业产生关联
* 护理及育儿服务，维系了社区与商业的关系
* 用新形式替代已成为实际标准的欧美生活方式，并向世界发声，同时为旅游观光提供新思路

图 0–1 地域再生的两个基柱

特有风格，打磨创意思维集结地域的综合力量，重新构建一种自律式的、可持续发展的城市建设框架。如此一来，把从风土人情中孕育而来的地域特有生活方式作为资源、进行有效利用，就必然成为发展的基本道路。这并不会与科技文化创新的方式背道而驰，正如后文理论篇中所阐述的内容一样，脱离了当地生活方式背景的全球化商品是不存在的。

欧美国家已经在生活方式（生活文化）产业化中付出了实

践。对服饰、生活杂货、食品等生活文化的各方面进行原创设计，并运用独创性的素材和技艺（匠人工艺）进行生产，创造出了吸引世界目光的富有价值的产品。例如，法国农业产业兴旺，向世界各地不出口葡萄而是葡萄酒，同时也将法国的生活方式推向了全球[1]。全球的目光聚焦于法国整体时，因葡萄酒各品牌间特质的微妙差别，将关注点进而缩小到各个葡萄酒产地。赴法国旅游观光的人群，不惜路途遥远，前往葡萄酒产地所在的地方城市和田园，体验当地特有的生活方式，并能够乐在其中。

而日本同样也可以重振根植于各地域的生活方式，构建产业化框架，推进各地内发式发展。

能够汇聚人口、被市民津津乐道的城市中心，是自治体发展中不能缺少的社会资本。但这个框架因商业区的不断外扩而摇摇欲坠。为了实现“生活方式品牌化”的目标，就需要重构城市中心框架。以街市为基点，建立“生活方式品牌化”的成长型产业、积累地域财富，这样的架构就是发展的基本战略。

如今这些街市多已变身为老旧商业街，成为一种地方经济疲敝的象征（图 0-2）。尽管事已至此，我们还是应该对现有情形进行一些梳理。正如图 0-3 所示，商业街所处商圈的辐射范围越小，其所处城市的规模越小，“商业街衰退”或“存在衰退可能性”的商业街就会越多。图 0-2 所展示的是，人口只有 11 万的香川县丸龟市的中心商业街。现在，同等规模的中心街市情况不容乐观，而且就连在商圈规模要大得多的县厅所

---

1. 西乡（2015）。

图 0-2　老旧商业街（香川县丸龟市中心商业街，2013 年 10 月）

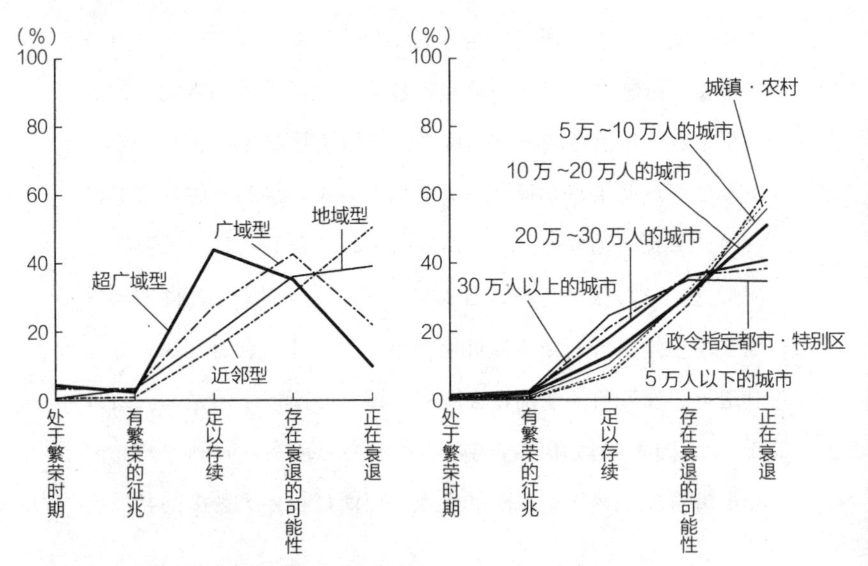


图 0-3　不同商业街类别、城市规模下的经济形势

出处：2009 年商业街实态调查（中小企业厅）

在地（省会城市[1]）之中，“存在衰退的可能性”的商业街的数量也在增加。相较于中心商业街的衰落，郊区的商圈却在不断扩大。中心街市衰退的现状虽有种种原因，但其主因就是商圈的外扩。如果我们的城市中的中心街市继续流失，同时还要持续向郊区发展，就真的不会存在任何问题吗？

商圈的肆意外扩存在隐患，这在东日本大地震的海啸受灾地中得以如实显现。一些自古以来就存在的街景市貌虽也遭受了灾害，但被海啸席卷吞噬的则是“二战”后由填埋水田河床建设而成的那些扩容之后的街市。因此，之后才有了“向高地转移”的计划，但这又将会陷入新一轮的城市郊区化。“向高地转移”的道路是否正确无误呢？后文第 7 章中将会对遭受了海啸侵袭的石卷市进行详细阐述，这里以千叶县香取市佐原为例，分析液状化灾害所带来的影响。

佐原拥有被评为重要传统建筑群保护地区的历史街区，但其市政府所在地利根川沿岸却出现了严重的液状化现象，民宅倾斜、下水道系统等基础设施遭到破坏，整个区域遭受了巨大损失。如图 0-4 所示，这片区域原本是河流的一部分，依靠填埋过去河流一侧的堤坝而建成。而历史街区这边，泥土建成的老建筑虽有砖瓦脱落，除此之外却并没有太大的损失。这组对比证明了，富有历史的城镇建设拥有更过硬的受挫强度。

这里应该要提出一点疑问，这些遭受了灾害侵蚀的街市是否不可或缺，今后又是否有存在的必要呢？以全国的数据来看，

---

1. 译者注：日本的县相当于中国的省，县厅所在地相当于省政府所在地，也就是省会城市。

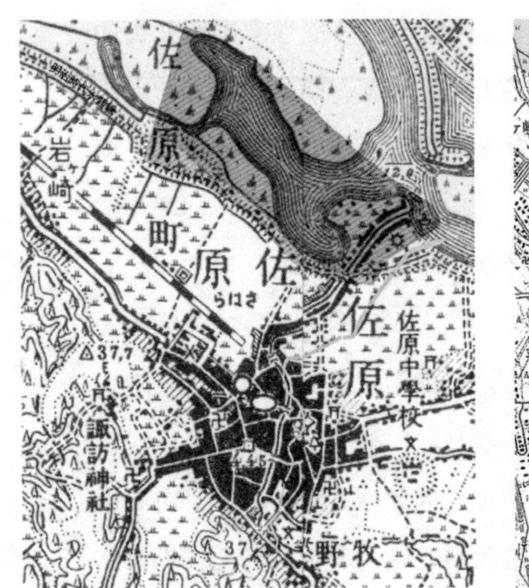


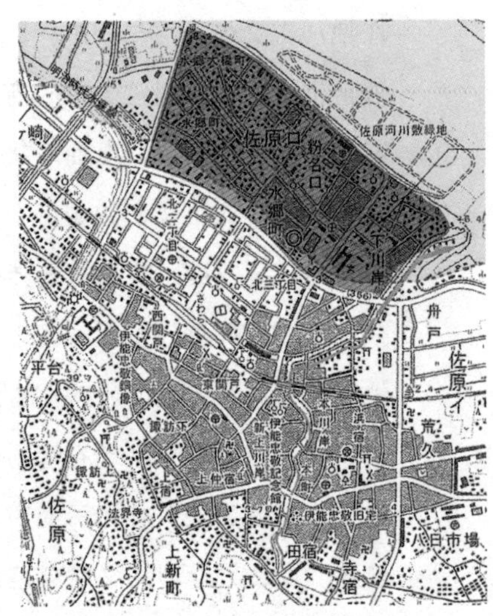


图 0-4 香取市佐原遭受液状化破坏的区域（右图灰色部分域）在明治时期所处的位置（左图）
出处：左：《东日本图志大系 关东Ⅱ》P.63 原版为国土地理院 1∶50000 的地形图・佐原（1903 年测）与鹿岛（1903 年测），右：国土地理院 1∶25000 的地形图・佐原西部（2007 年测）

1960 年以来，人口集中地区（Densely Inhabited District，DID）的面积扩大了 3 倍，而与之相对的人口却只增长了 2 倍；1960 年到 1995 年人口密度不断降低，1980 年人口密度为 70 人 / 公顷，而 1995 年的人口密度为 66 人 / 公顷（图 0-5）。按不同城市规模来看，50 万人以上的城市在持续下降，特别是 10 万～ 20 万人的城市的人口密度为 43 人 / 公顷，已接近了 DID 所规定的 40 人 / 公顷的指标，有些城市甚至都不能被列入 DID 的范畴之内了。简单地说，城市郊区化的进程使曾经的中心街市变得空空荡荡。若郊区发展为成熟的城市，那么郊区也将不再具有人气。

过去的村落围绕山脚集中建立在一些小型高地之上。回看

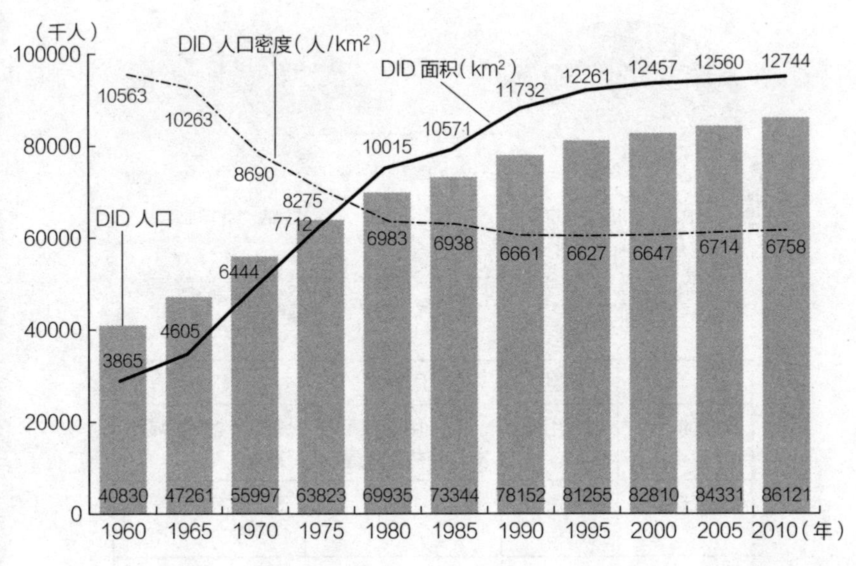


图 0-5 DID 人口、面积、人口密度的推移

那时的城市街景，应是商店、公共设施、酿酒铺等建筑应有尽有、人群熙熙攘攘的热闹景象。生活在小型高地，便可避免洪水所带来的影响，向山里逃生也存在一些便利性。“二战”后，人们向着大海的方向填埋了水田和湿地，扩大了城市的范围。因此在这些古老的城市街区之中，商业街衰退，无人居住的空房和空地也随之增多了。

在这段时期内，人口增加了 2 到 3 倍，城市面积却增大了 10 倍甚至 20 倍。但地震又把这些新开发的地区给摧毁了。

我们对 19 世纪、20 世纪、21 世纪的城市进行了模式化的整理（图 0-6）。如今正需要我们做出改变，以空荡荡的街市和中心街区为中心行重新加以整编，加强集约型城区与周边农业用地及绿地的对比，恢复建设具有烟火气的社区。

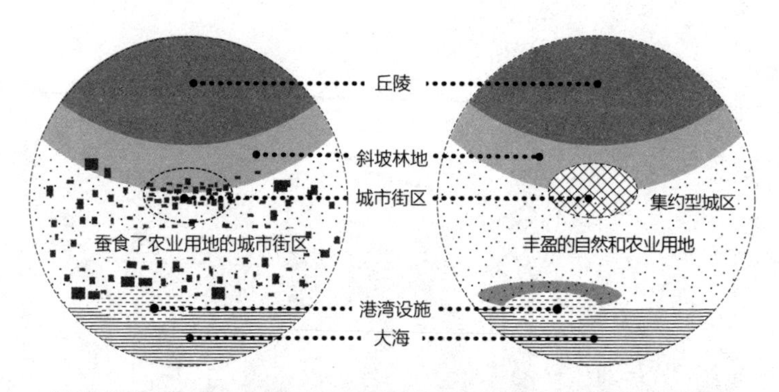


| | 19 世纪 | 20 世纪 | 21 世纪 |
|---|---|---|---|
| 丘陵地 | 农业用地·山林 | 一部分用于住宅开发、公共设施建设 | 具有规划性的城市建设 |
| 山麓住宅区 | 民宅遍布、商店街 | 空洞化 | 在应对海啸的基础上重振中心街市 |
| 山麓与海岸之间 | 水田 | 填埋 · 区划整理 | 归还农业用地和自然绿地 |
| 海岸 | 渔港等 | 填埋、渔业设施、工厂 | 应对海啸威胁进行精简 |

图 0-6　各世纪街区的理想状态

所以我们要把各地域中心城市里经受了创伤的街市改造为创意街区，以恢复、增强与宣扬各地域生活方式为战略据点，促进地域再生。

创意街区模式并不是依靠中心城市的街市一己之力的模式。在人口减少的背景之下，城市的集约和收缩成为当下的课题。这种模式并不是在地区之中集一方力量来解决问题，而是要运用 ICT[1]，在第二级、第三级中心及基础村落通过网络构建

1. 译者注：ICT（information and communications technology）指信息通信技术。

组织，实现相辅相成的、可持续发展的城市建设的模式，旨在实行城市精简（Smart•Shrink）。创意街区将成为解锁地域发展的钥匙。

那些获得了社会和经济恢复力的地域，没有只依赖于土木建筑，而是利用强有力的国土资源来构筑城市样貌，打造日本形象，打造吸引世界目光、富有魅力、富裕、洁净宜居的成熟社会，这样的模式才是我们追求的终极目标。

本书的论述将围绕创意街区的理论背景和实践方法展开。基本纲要如下：

1. 在创新经济时代的背景下，全球化产品也需要根植于其当地的生活方式。日本的发展战略需要由“产业城市模式”转换为“创意街区模式”。

2. 在此期间，作为地域核心的城市（特别是街市），能否成为汇聚创意人才的舞台就显得格外重要。城市建设的设计需要向历史学习，向以创造丰富多彩的公共空间为目标的世界城市规划的潮流学习。

3. 人口已经开始减少，精简街市势在必行。要把这个背景作为一次良机，恢复美丽的田园和街道景观，恢复富饶多彩的生活，城市和农村之间互帮互助，重新构建田园城市。

4. 把地域生活方式作为一种能够打破由来已久的对于日本刻板印象的、全新的日本生活方式，并替代默认标准化的“欧美生活方式”，向世界发声。确立美丽日本和各地区间充分开展的“地域生活方式”，正是“魅力日本”（Cool Japan）的内涵所在。

5. 要实现上述创意城市的目标，有 3 种关键手段——设计（design），商业（business），方案（scheme）。方案（scheme）的实践，需要土地的共同利用，需要通过扎根于当地社区的城建企业来实施区域管理。为了让这些新尝试变为现实，就要提出对于新体系（制度）的建议。

# 第一部分

## 创意街区的理论

设立于石巻市中心商业街立町的生活方式概念店——ASATTE（参照 211 页）

# 第1章 什么是创意街区

## 1 创意街区与生活方式产业革命

### 生活方式产业革命

本章围绕创意街区的基本思路展开论述。首先，这里将会对建设创意街区的前提——以生活方式为基础的新兴产业，也就是生活方式产业进行说明。一般情况下，提到生活方式产业，人们大多都会联想到传统产业或者是时尚、杂货等产物。本文的生活方式产业则具有更广的用意，旨在提取全球化时代中创意产业的精髓。在全球化的时代背景下，世界各国基于最优生产的思维，推动着向海外转移生产职能的进程。进口原材料用于制造物美价廉的产品，进而出口获取财富的加工贸易型发展模式，已经不再适用于包括日本在内的先进国家。当今形势要求我们立足于新的创意，不断打造出新产品和新服务，推进能够创造附加价值的创意产业型发展模式。

那么，在全球化的进程中，新的创意又会在怎样的土地上生根发芽呢？在互联网高度发达的当今社会，无论人们身处世界何处，都能掌握来自全球范围内的信息。在这样的背景下，创意产业型的商品、服务，就兼备了其他产业不可复制的固有价值，以及可以被多数人接受的普遍价值。创造固有价值和普遍价值的生命力，来源于某个地域或社会所培育的价值观，也就是生活方式。这是因为，该地域或社会长久以往孕育而出的生活方式，不会轻易地被其他地区所模仿，因此可以创造出不同于其他地区的文化内核。下面提供一些便于理解的案例。葡萄酒产业和意大利的“慢食”，其内涵本身已经被界定为一种文化；已走向世界的日本料理和动漫等，也可以定义为典型的生活方式产业。

在创意产业的语境之中，最典型的案例非苹果公司的产品莫属。苹果产品的背面都刻有“Designed by Apple in California”这样一串令苹果人骄傲不已的标识。一看到它，人们就会联想到那片位于美国西海岸的土地。而正是人际间充分交流联系所酝酿的生活方式，才造就了这些创意产品。属于互联网时代新产业范畴的谷歌（Google）和脸书（Facebook）等公司，同样也是在美国西海岸的生活方式中孕育而出的。

结合以上案例，我们在此对生活方式产业革命作如下定义：某个地域或社会的生活方式中出现的拥有新价值的产品和服务，进而演化发展而成的社会现状。

### 生活方式产业革命与地域活化

生活方式产业内蕴含着彻底改变地域活化方式的可能性。如今，在全国各地已经开展了致力于推进地域活化的 6 次产业化试点工作（1 次产业 +2 次产业 +3 次产业 =6 次产业），也就是通过地方农产品、海产品加工来为其赋予附加价值，进一步把这些产品和服务与旅游观光等服务业结合在一起，创造出更多的附加价值。这种实践在利用地域自然资源这一点上，毫无疑问是开展生活方式产业的动向之一。而在人口减少和高龄化急剧加速的地方城市圈，如何收住年轻人口流失的脚步，促进“U-Turn”“J-Turn”“I-Turn”[1]的开展，便成为重中之重。吸引制造业进驻等招商引资项目，在为地区贡献雇佣机会的层面上的确是一种能够立刻产生积极效果的地域活化手段。但是在全球化的浪潮下，制造业不断向国外转移，招商引资也陷入了瓶颈期。身处企业撤离以及雇佣机会减少的环境之中，就必须要转变战略思想。

我们经常能听到来自各自治体的一些声音：“没有工作机会，年轻人只好远走他乡。”但事实果真如此吗？不是因为地方失去了吸引力吗？现在有大批年轻人聚集到了东日本大地震的受灾区，他们不是为了在那里从事工作，而是因为那里有生活的价值。提升地域吸引力和创造地区生活价值，这样的生活方式产业革命对于激活地方活化来说是一种机遇。换句话说，在今后的时代里，只有那些具备取材于地域生活方式的创意、进而推动新兴产业发展能力的地区，才能够在开展生活方式产业的进程中得以存续。正因如此，必须中止这些满怀创意的人才的流失，并且吸引更多人才的流入，才能使其投身于地区独特生活方式创意的规模化、产业化建设中去，这是非常关键的。

---

1. 译者注：“U-Turn”“J-Turn”“I-Turn”均指日本国内人口由大城市向地方移动的现象。“U-Turn”：各地方城镇人口移动至中心城市后，又再次返回家乡。“J-Turn”：因学习工作等原因前往中心城市的人口，迁往家乡附近的地方城市发展。“I-Turn”：城市人口前往地方城镇生活工作。

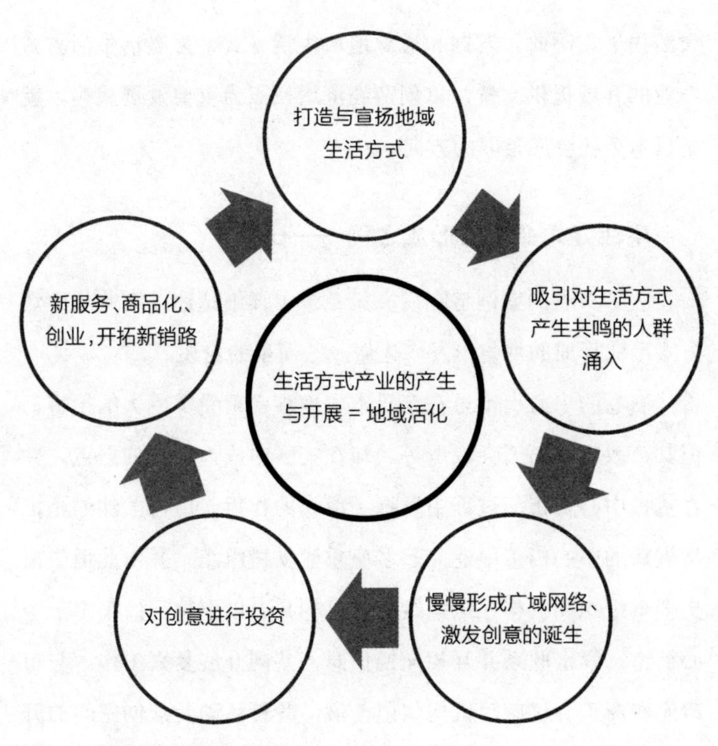


图 1-1 激活生活方式的地域活化

地方城市与大城市截然不同之处是，地方特有的生活方式对于很多人来说都是极具魅力的。依靠对地方特有生活方式的精雕细琢来吸引人群，使其理想中的生活方式与地域间独有生活方式的魅力产生共鸣，新的生活方式产业就这样在其中应运而生。如此一来，便能实现开展生活方式产业与地域活化的良性循环，而这正是生活方式产业革命时代下地域活化的方向所在。

反过来看，向东京一极的集中，弱化了各地区多种多样的生活方式，甚至关乎其存续。如果生活方式的多样性遭到破坏，那么新创意的源泉也将不复存在，这会对整个日本社会造成巨大的损失。因此，发掘和雕琢地域生活方式、为激活生活方式产业的开展提供支持，以创造经济增长点为重要发展战略，就是日本全社会应采取的方向。

## 生活方式产业的形成之例——石卷

关于石卷的案例将在后文第 7 章中详细论述，在此从生活方式产业形成的视角出发，先做一些简单的论述。

石卷的中心街市虽在东日本大地震中蒙受了巨大的损害，但其市政府和商工会议所等，却在灾区中成为复兴的据点，并在重振中心街市的过程中发挥了巨大的作用。值得关注的是，地震后的中心街市中建立起多座重建支援组织，并由此衍生出更多重组织和机构。这些组织和机构具有以下特征：集中于中心街市，紧密联系并互相交换信息，共同开展复兴工作。与市政府和商工会议所等机构如出一辙，各种活动及众创空间的开设如同网络枢纽一般。例如来自外地的支援者与本地志愿者协同打造的“ISHINOMAKI 2.0[1]”，以及旨在利用 IT 推进地方活化、促进年轻人就业的“伊特那布·石卷[2]”等复兴支援组织等。对这些支援组织进行访问后，我们收集到以下意见和建议。如要让中心街市成为众创办公的平台，就需要在当地引进更多的铁路、高速大巴等广域交通方式；确保低租金、可利用的闲置

1. 译者注：ISHINOMAI 为石卷的日语读音，ISHINOMAKI 2.0 即石卷 2.0。
2. 译者注：音译，原文为“イトナブ石巻”。イトナブ是分别提取了“IT”“営む（经营）”“学ぶ（学习）”“遊ぶ（游玩）”四个单词中，读音的第 1、第 2、第 2、第 4 音节后所组成的新词。

商铺以便于开设事务所等。以诸如此类的中心街市具备的基本条件为基础，汇聚拥有创意的人群，提供事业发展所需的环境，洋溢着创意气氛的城镇应运而生。

在上述创意氛围之下，石卷发起了各种各样的活动，而从生活方式产业的视角来看，石卷工房尤其引人注目。石卷工房诞生于当初城市中的闲置店铺，通过DIY与设计的结合成为新的家具工房，并在海外的展示会上吸引了世界的目光。笔者以石卷工房的官方网站资料和采访内容为基础，将石卷工房的设立与开展的经过等信息进行了归纳。如下图所示（图1-2），震后兴起了一种叫作DIY（Do It Yourself）的新生活方式。以DIY作为媒介，一些人为实现人生价值和创意理想而来到石卷参与恢复重建，然后又与接纳了他们的本地志愿者产生了紧密的联系，并且通过协同工作升华了各自拥有的价值与创意。石卷工房的制作生产正是在这样的背景下开展的。

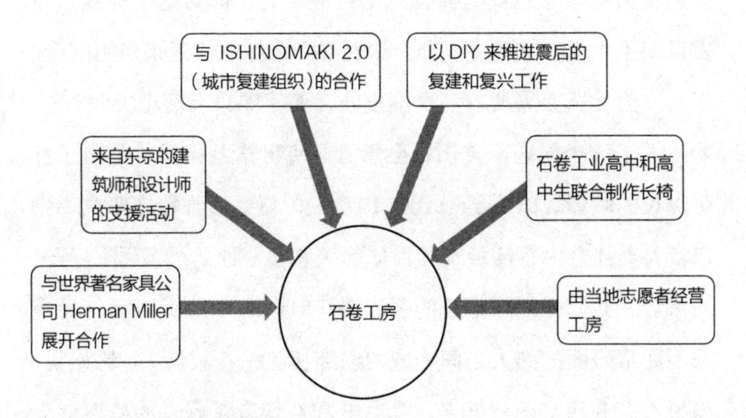


图1-2　创造出石卷工房的网络
出处：石卷工房官方网站以及笔者采访内容的整理

除此之外，还有一些其他的创意产业正在石卷萌生、发展。例如，石卷元气复兴中心通过青年会议所和学校同窗会等关系，让地震前不存在合作关系的市内水产品加工业者、专门服务业者、食品加工业者（目前已经有24家公司）联系到一起。他们为振兴事业的发展互相交换信息，利用互联网协同合作，推进着新业态的发展。

上述石卷市开展的恢复重建进程，可作为一个生动的案例，结合后文中将要涉及的项目型组织的形成，为我们展示了生活方式产业是如何生根发芽的。

## 2 创意如何实现

### “三个臭皮匠顶个诸葛亮”具有何种意味？

如何将技术创新与新创意结合并实现。面对这个问题，自古以来不乏“三个臭皮匠顶个诸葛亮”这样的谚语来作为回应。那么，为什么必须要有三个臭皮匠，而不能只有两个人呢？

关于这个问题，美国社会学者马克·格兰诺维特给出了意味深长的解释（Granovetter 1973）。格兰诺维特在研究中指出，人类社会中有两种不同性质的关联，一种是与亲属、好友、同事等在共同生活中形成的强连接（Strong Tie），另一种是与不经常碰面的熟人之间形成的弱连接（Weak Tie）。比如说，如果A有B和C两位好友，那么B和C双方是好友的概率就会很高。类似于这种通过强连接构建而成的人际关系网络（下文称为社区），具有该网络内封闭关系的特性。因此，在较深的关联下人际间会形成较为封闭的社区，共享同种思维方式和资源，处理事情配合默契，在这一层面上可以产生有效率的关联性。但由于网络相对封闭，思维方式和可利用的资源又相对固定，所以难以出现新创意。

假设A有一位不常见面的，也就是关联性较弱的朋友Y，而Y自身则通过强连接处于另一个社区之中。如此一来，如图1-3年示，A和Y之间的弱连接，把他们各自分别所处的、原本并不会产生关联的两个社区结合在一起，从而使得更多人之间的联系一下子变得丰富了。新创意较多地诞生于其个别要素经过新的排列组合之后。不同个体所处的社区拥有形式各异的思考方式和资源，因此跨社区的关系不仅异于封闭网络，还具备整合思维和资源的可能性，为新创意的萌生创造了更为便利的条件。总之，三个人聚到一起，至少需要通过弱连接跟第三个人产生联系，至此“三个臭皮匠”才有了足以媲美“诸葛亮”的智慧。

这种弱连接，在某种创意本身转化为实体商品和服务，或者是开拓新销路、推进创业的进程中发挥着重要的作用。例如，

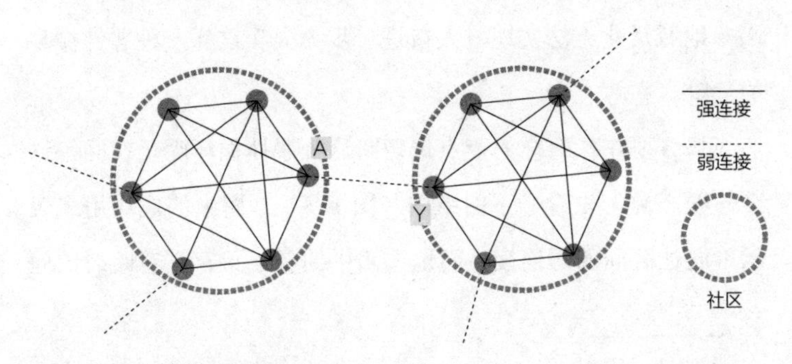


图1-3 弱连接让各社区联系到一起

若 A 从属于一个由技术者组成的社区，则该社区不太可能拥有金融、市场、会计等方向的专业人士。但是，如果 A 与从事金融方面工作的 Y 之间存在弱连接，Y 所处的社区中就可能会有人能够为 A 解决金融问题提供帮助。综上所述，要让创意付诸实践，继而推动创意产业的发展，就需要最大限度地发挥弱连接的作用。

## “智多星”[1] 和项目型组织

激发和实现来源于地域生活方式的创意，就是打开创意经济时代中地域活化大门的钥匙。参考上述内容，要激发并实现新创意，关键在于打通人与人、创意与创意之间的弱连接。大城市随时都会有新的居住者涌入，但地方城镇却截然不同，不但新鲜血液的输入非常有限，而且人与人之间关联也有陷入固定社区范围的倾向。一旦落入固定社区范畴这一陷阱，新创意萌生的几率就会明显降低。总而言之，人口流失过程中的地方圈，在地域活化这一问题上，存在着陷入“人口流出→人与人之间的关联趋于固定→弱连接欠缺→新创意枯竭→地域活化无法实现→人口进一步流失”这样一种恶性循环的危险。

那么要在什么样的节点来切断这种恶性循环呢？在回答这个问题之前，先看一下网络图（图 1-3）。图中的虚线用来表示不同社区间的弱连接，而地方圈中的弱连接存在着断裂的问

1. 译者注：原文为トリックスター（英文 trickster），这里意译为“智多星”。

题。所以，要摆脱上述恶性循环，创造新的连接（弱连接）就显得尤为重要。神话和传说之中，时常会有这样的人物或动物出现。他们不拘泥于常识，通过行动来打破各世界所处的闭环并使其相互联系，再次为世界带来活力与安宁。一般来说，我们把他们称之为“智多星”。比如民间传说《一休咄》里的一休和尚就是一个典型的例子。他通过自己的聪明才智来与执政者对抗，打破腐朽的权力体系，帮助老百姓，使其生活得以重现生机。《一休咄》的故事中，禅僧一休超越了世俗的限制，在等级制社会中坚持其自身追求自由的立场，逆转“身份”的上下级关系，构建了一个跨越身份的双向关系网（弱连接）。换句话说，一休运用聪明才智构建出的弱连接，使得紧张对立的世界再次恢复了活力与安宁。

“智多星”具备这样的能量（智慧）——独立于既有价值观念的自由，因此他们必然是不属于任何已有固定组织或社区的。正如《桃太郎和他的妖怪伙伴》和黑泽明导演的《七武士》等故事所呈现的那样，以某种特定目的集结同伴而组成的小型项目型组织，才是“智多星”的舞台。连接于此类小型项目型组织内外间的关系是柔和可变的，因此它必然是一种弱连接，有望为地域社会带来新的活力（激发和实现新创意）。

小型项目型组织的案例有很多，比如初创企业、艺术公司、城建公司、市民城建组织等。对于寻求实现事业价值的人们来说，这些小型项目型组织有着极大的魅力。这些组织整合地域的各种资源和产业，推动了开发新产品和新服务的项目不断出现，促进生活方式产业付诸实践、在地域中生根发芽。进而言之，更为理想的情况下，这些小型项目型组织的成员在相互的交流之中，会联动地孕育出新的项目型组织。

滨松市[1]就是这种良好循环长期持续发展而来的经典案例，滨松诞生了一系列的世界品牌，例如日本乐器（现在的雅马哈乐器）、河合乐器、铃木、雅马哈发动机、本田等。能够取得这般成绩的地域并不太多，但在城市建设领域中，城市建设（至少在氛围上来说）由年轻人、愚公[2]、外地人三者构成，已是人尽皆知的经验法则。年轻人、愚公、外地人恰恰展现了“智多星”具备的共同属性，即脱离已有价值观念的自由特性。在此意义上，这个经验法则正好可以印证“智多星”与以其为中心演化而来的小型项目型组织一起为地域带来新活力的说法。

## 3 创意的实现与创意街区

### 街区角色的转变

地方城市的中心街市在过去的大约 20 年间，经历了翻天覆地的变化。曾为地方中心城市的中心街市，作为门户以及地区各阶层的中心，将大城市兴起的信息、服务、商品、金融、补助金等辐射至地域内各地区的中心，汇集了消费、娱乐、行政、

1. 译者注：滨松市，位于静冈县。
2. 编辑注：将本地司空见惯的资源加以利用、活化的人群。

文化、金融和企业分公司等职能。然而，随着城镇的外扩以及之后网络社会的到来，中心街市的门户职能陷入了长期走衰的泥潭。

在此情形下，振兴地方城市的中心街市成为一个政治性课题，《中心市街地活性化法》（1998年制定、2006年修订）提出之后，振兴中心街市的支援体系得以建立。此后，2006年颁布的《城市计划法（修订）》，又进一步对在城市郊区建立大型商铺提出了限制。在《中心市街地活性化法》的框架下，市镇村各级单位制订了振兴中心街市的基本计划。而且，如果基本计划通过了国家的认定，就能获得多种政策支持。

《中心市街地活性化法》所指的“活化”究竟是什么呢？为了找出答案，我们先来看一看《中心市街地活性化法》所规定的中心街市活化的基本方案。它的基本思路是，将街区热闹的景象作为名片，致力于吸引游客、交流和居住的扩大，并在此基础上与少子化对策、超高龄化社会、气候变暖对策等政策课题产生关联，打造精简宜居的城镇。遗憾的是，根据基本计划推进中心街市活化建设的各自治体，虽然在恢复中心街市的居住人口的努力中取得了一定的成果，但是在门户职能衰弱的现实情况下，除少数地区外，恢复热闹景象、树立街区名片的进展并不理想。

## 街区中“热闹”的本质

《中心市街地活性化法》把实现街区热闹的景象作为目标，前文中也提到过，现实情况困难重重。然而，“热闹”对于街区来说是否真的有必要呢？是不是太过沉溺于从前那个身为门户的万物中心的幻象了呢？

创意街区所期待的并不是上述层面上的热闹，而是多种多样的小型项目型组织的聚集。为了给小型项目型组织的成员提供“轻松”交流的场所，网络得以开放。在地域的生活方式得以体现的街道之中，人们自由地聚集在一起。那里有很多交流的场地，比如自由的公共空间、咖啡馆、景点，正是创意街区的关键要素。总而言之，创意街区不是一个因购物而挤满了人的地方，而是布满便于交流点的热闹之地，也就是充满了各种“小热闹”的街区。

## 小型项目型组织诞生于街市之中

丧失了门户职能的街区，还有存在的必要吗？本书给出的答案当然是肯定的，因为只要中心街市能充分发挥它的特质，就能像震后的石卷所展现出的那样，促进当地居民和劳动者激发和实现创意，并且有可能演变为小型项目型组织多面开花的舞台。具体的理由将在下文中进行阐述。

首先可以指出的是，小型项目型组织的形成离不开多种多样的小型孵化空间（租赁商铺、办公区域、众创空间、工作室、SOHO 等），而恰恰只有中心街市才能提供多样化空间的环境。

值得一提的是，如果将街市市中那些保留下来的商铺、老旧杂货店、闲置店铺加以翻新利用的话，就可以跟当地的生活

图 1-4 街市中孕育而出的自由公共空间（富山市大广场）

方式产生共鸣，这对于创意人才来说毫无疑问是极具魅力的。反过来看，在汽车普及的今天，被开发后的地方城市郊区虽说也很方便，但若是跟大城市的郊区相比，其实并无特色可言，所以想要通过地域独特生活方式来吸引大城市中的人群前来（或者反过来切断人口继续流向大城市）难免会缺乏魅力。街市需要成为创意的苗圃，成为艺术以及音乐、舞蹈、舞台剧等活动上演的根据地，继而吸引创意人才汇聚一堂，形成良好的循环。相对于郊外这种同质化的空间来说，在成为人与人、创意与创意间相互联系的平台这一层面上，街市本身具备了更多的可能性。

其次，中心街市配备了各式各样的交流环境，例如孵化空间和众创空间，位于徒步范围圈内的廉价租赁公寓、闲置商铺和民居改造而成的工作室住宅、附带众创办公区域的民宿等多样化居住设施，咖啡店、居酒屋、酒吧、餐厅、犹如休闲区域一般的专卖店，还有图书馆和提供 Wi-Fi 服务的自由空间等公共设施。中心街市与工作、居住和交流等紧密相关，提供了可以不拘泥于时间限制、进行密切交流的空间，这种可能性在城市中是独一无二的。

另外，下面的内容将对中心街市本身潜在的魅力进行一些探讨。尽管大多数街区在千篇一律的城市开发和公寓住宅建设浪潮中失去了自身的特色，但还是有不少街区依然勉强延续了当地的生活方式——体现城镇特有风土人情的街道，老店铺，老宅子，古色古香的商业街等。能否吸引外地的创意人才，靠的不是整齐划一的街区建设，而是这些风格独特的街道和建筑，所以如何打造具有风土人情的街道，就是今后中心街市发展的关键。

最后，对“开放网络的枢纽”——项目型组织而言，为了时常获取新的刺激，建立起联系城市外部的网络也是十分重要的。因此，面向外部的交通运输方式就显得很重要。当然，新干线车站和机场如果设有接送大巴或者可以租车的话，选址的问题也就不必过多考量，现实生活中的企业也能给出许多案例。但是对于小型项目型组织而言，移动大多是以个人为单位来进行的，所以从全球可访问性的角度出发，稍走几步即可到达电车站或高速大巴枢纽的街市是最具优势的。

## 作为创新高地的中心街市

上述内容所描述的全新的中心街市究竟是什么样子呢？从助力地域创新的角度来看，对开发新事业及创业提供源源不断的支持尤为关键。所以，有必要形成一个跨越组织和类别且紧密联系的创新与创业支援网络，在各阶段中适当地提供支持。比如为闲置商铺和试点店铺、城建公司、非营利性组织等社会商务的创立提供支持；为面向尖端产业的培育设施、事业支援协调机构、金融机关、市政府的产业支援部门、商工会议所提供创业与事业支援机构；打破政府设立的考试场地、大学、高等专门学校的教育、研究和考试机构等部门壁垒。正因为这些创新与创业支援网络恰恰位于步行交流圈之内，所以才有更多的可能来交换日常信息和建立信赖关系，并能迅速提供支援。

中心街市已经配备了市政府、地方金融机构、商工会议所等创新支援组织，那么如果再增加上述内容中多样化的创新支援组织和机构，就有望形成一个联系紧密的创新支援基地。可是现在却处于这样的一种情形——大多数城市中的培育机构等产业支援设施和大学校区，随着工业用地和新街区的开发而入驻城市的郊外，故而无法形成产业支援组织之间的紧密网络。

其次，还有一个重要因素，就是对开展新事业或对创业怀揣热情的企业工作者们，通过深入交流而迸发的知识溢出。支援网络集中在城镇中心部，企业工作者进行正式或者非正式交流的机会，进而得到实质性的增长是非常令人期待的。企业工作者怀揣着开展新事业和创业的热情，相互间密切交流而催生了知识溢出，在此意义上正如上述内容中所提到的一样，以SOHO型住宅和工作室住宅为代表的职住相依的居住环境就显得十分高效。通过这一点，我们可以对其重新进行解读，就热情四溢的新增企业工作者实现创业而言，位于全国地方城市中心街市中的闲置民宅和商铺就是重要的资源。同时，租金低廉且种类多样的住宅也很重要，尤其是相对于制造业而言，零售业和个人服务行业的创业难度较低，与其交付保证金和停车场租金等各种初期投资，在郊外设立店铺，还不如在街市中租赁闲置店铺来促成发展——在街市中创业更有利于资金的积累。

再次，面向外地游客开设可以体验极具魅力的街区生活方式的住宿设施，也是十分重要的。

中心街市作为创新高地实现机能运转，还有另一个重要因素，就是这里的人群能够共享城市生活方式中的创意氛围。例如，石卷的中心街市在震灾后的特殊条件下，不断衍生出了各式各样的众创空间，实实在在地共享着创意的氛围。为了进一步推进创意氛围的生成，就必须建设与之相匹配的文化和表现的开放空间。

现在，国家正在紧凑型城市的思想中，推动着各式各样的城市职能向中心街市聚集的步伐。更进一步来看，创意街区理论所追求的街区样貌，是创意高地焕发新生和倡导推进与创新相关的各种职能集聚。

**表 1-1 创意街区所追求的城镇样貌**

| | | 门户街区（曾经的中心街市） | 紧凑型街区(《中心市街地活性化法》描述的中心街市样貌 *) | 创意街区（新型中心街市样貌） |
|---|---|---|---|---|
| 职能 | | 接收中央的物资、信息、资金、服务的窗口 | 集客、交流、居住 | 以基于地区生活方式的创意作为驱动，使地区成为产出创意的场所 |
| 街市样貌 | 目标 | 地区阶层的中心 | 热闹街区的名片 | 人与人、创意与创意间相互连接形成的“开放型网络枢纽” |
| | 功能 | 消费和娱乐中心（百货商店、中心商业街、娱乐设施等）、行政文化中心、企业分公司、金融中心 | 各种城市功能紧凑汇聚<br>包括少年儿童与老年人在内的、适宜于多数人居住的街区 | 产业支援组织集中设立在步行圈内，形成创新支援网络。<br>巧妙利用闲置商铺等建设而成的小型空间（租赁店铺、办公区、众创空间、工房、SOHO）<br>可以实现职住相依或职住一体化的低租金住宅<br>可以体验生活方式的住宿设施 |
| | 物质环境 | 便利性 | 步行即可满足生活需求 | 自由的公共空间（街道、广场等）、街景、咖啡馆、体现地域生活方式的城镇、充满创意的氛围 |
| 交通·访问 | | 广域交通枢纽 | 地域交通中心 | 全球性访问、网络上的评价、销售 |

* 根据《中心市街地活性化法》制定的《推进中心市街地活化的基本方针》（2006 年 9 月 8 日内阁会议决定）所描述的中心街市样貌整理而成。

# 第2章 关于创意街区现状的探讨

## 1 地域经济活化理论

第1章内容对创意的思考和新型街市的样貌进行了阐述，本章将聚焦其理论背景进行探讨。

### 增长极理论

地域产业发展理论的关系谱如表2-1所示。第二次世界大战之后，增长极(Growth Pole)理论成为国土开发的基本思路。增长极理论是由法国经济学家佩鲁（François Perroux）等学者提出的，对“二战”后的世界地域开发具有深远影响。回顾日本国内，1962年首次制定《全国综合开发规划》（全综）并倡导据点开发模式，尽可能地以增长极作为地域开发的内核，推动了全国范围内新型产业城市的建设，以及被认定为工业整备特别地区的“厚重长大型”临海工业区的开发。

此后“新全综”（1969）、“三全综”（1977）、“四全综”（1987）相继颁布，根据时代形势的变化，其倡导的具体内容也随之发生着改变。其中，新全综提出了大规模项目构想，作为代表的苫小牧市东部开发区以失败而告终；三全综提出了在地方吸收和发展高新产业的高新技术工业区开发方案；四全综提出致力于在地方吸收和发展IT产业的尖端产业布局方案。这些地域振兴政策基本上都沿用了增长极理论，即通过面向基础设施建设和企业布局所提供的税制及金融方面的支援措施，来促进尖端产业进驻地方城市，并通过相关产业在周边区域的连带布局来推动地域的开发。城市开发在增长极理论的基础上，以郊区工业建设和郊外新城建设作为核心内容一步步发展至今，城市空间的蔓延也在全国范围内整齐划一地开展起来（图2-1）。然而，如今在全球化时代背景下，工厂已转向海外，不可否认，增长极理论已经成为一个落后于时代的地域开发理论。

**表 2-1 地域产业发展理论关系谱**

| | 增长极理论 | 产业集群理论 | 创新型区域理论 |
|---|---|---|---|
| 目标 | 增加产业之间的关联 | 提升竞争力 | 创造力的发展 |
| 方法 | 吸引主导产业进驻 | 促进产业集群的形成 | 提升创新能力 |
| 时期 | 20世纪60年代以后 | 20世纪90年代以后 | 20世纪00年代以后 |
| 代表论者 | 佩鲁（1950） | 波特（1990） | 库克（2007）、佛罗里达（2002）、佐佐木（2001） |

## 产业集群理论

随着全球化进程的推进，发达国家开始在海外建立工厂。工业区用地等基础设施虽已齐备，但是工厂配置的进度放缓，甚至已经开始撤离，制造业空心化急速发展的现象凸显。在这样的情形下，美国管理学家波特（Michael Porter）提出的产业集群理论登上了舞台。波特认为地域的活力来源于地域的竞争力，提倡通过强化地域产业的集群来加强竞争力。

图 2–1　增长极理论下地域开发进程中整齐划一的郊区开发

理解产业集群的概念，需要把某一地区内集中在一起的各要素有机地联系起来，它们是：特定产业领域（这里参考波特列举的案例——美国加州的红酒集群）的企业；相关支援企业（相关供应企业及市场支援咨询企业等商业服务企业）；政府产业支援机构、研究机构、商工会议所及业界团体等产业支援组织的集群；地域内面向该产业的市场。因此，要加强产业集群，就需要在这些集群要素之中找出该地域欠缺的要素来加以补充。而且，由于产业集群还需要将各要素有机结合起来，所以重点就是在地区范围内不断积累和发展，从委员会等正式组织到企业管理者小组等非正式组织形式的企业间合作和产官学合作，从而促进地域内某种产业协调发展。

被称作第三意大利的意大利中部地区，尤其是艾米利亚—

罗马涅大区，是世界上著名的产业集群模范区域。该大区内的多个城市，因特定产业的中小型企业汇聚，构成具有世界竞争力的产业集群，例如包装机械行业集散地博洛尼亚、因法拉利而名声大噪的摩德纳、盛产帕尔玛火腿的帕尔玛。大区政府与开展强有力活动的大区商工会议所取得合作，除了举办在欧洲颇负盛名的博览会之外，还在各地区创立了针对特定产业的支援机构，推动了诸如提供市场信息等着眼于实际的商业服务（Cooke and Morgan 1998）。

特别需要指出的一点是，根据本书的语境，需要把关注点放到于艾米利亚—罗马涅大区的高创业率上。根据稻垣（2003）提供的博洛尼亚市创业者网络形成过程调查内容显示，博洛尼亚市的包装机械行业，通过跨越组织间开展的多层次非正式网络（包含邻里之间的、发小之间的、博洛尼亚的高等专门学校毕业生之间的、旧工作单位同事间的网络等）建立起了人力资源的纽带，促使与之相关的分拆型企业得以创立。这不正是创意街区所追求的模式之一吗？——通过小型项目型组织搭建起共享地区价值观念的人际网络，从而推进创业不断开展（图 2-2）。

## 创新型区域理论

地域活化的论调在 2000 年以后成为一大潮流，也就是创新型区域理论。英国经济学家库克（Philip Cooke）等倡导的创新型区域是指能够不断促成创新的区域。他们的研究证明了在这样的地域中，地域创新体系（知识文化、社会资本、全球

图 2-2 位于城市中心的教堂广场上，一些人在下班后三五成群地聚集到一起进行交谈（意大利博洛尼亚）

性关系网络、支援机构、促进地域发展创新的政策等整体）、地区产业集群，知识迁移架构（知识交流社团、科学研究与试验发展[1]职能的外包体系）等成分发挥着重要的作用[2]。

美国城市经济学者佛罗里达（Richard Florida）提出的创意资本理论（Florida 2002）虽与库克的创新型区域理论在论点上存在些许差异，但在同样的语境下对地域发展做出了探讨。他主张地域发展的情况由创意阶层（Creative Class）能否聚集决定，把拥有创意阶层的经济资源称作创意资本。他还

1. Reserch and Development（R&D）.
2. Cooke and Schwartz eds.2007.

指出吸引创意阶层（具体指科技从业者和技术人员、艺术工作者、创意经营者等）的条件，也就是著名的3T（“Technology，技术”“Talent，人才”“Tolerance，包容”）理论，而且对美国城市经济增长率和3T指标的关联性进行了实证。

其中，关于技术和人才的关系，在创意阶层的聚集这一层面上可以用“鸡和蛋”的关系来解释，而最重要的因素就在于包容度。佛罗里达把城市中非异性恋者的比例作为体现包容度的一个重要指标，理由就在于能够接纳非异性恋者的具有包容性的城市，也同样具备容纳创意阶层的包容性。拥有特色生活方式的创意阶层，离开了诸如底特律等居住环境不理想而且社会风气死板的东部传统工业城市，搬到南部的奥斯汀和西部的

图2-3　主街道变为步行者天堂和免费巴士的专用空间，各类人群交汇于此，街道生活应运而生（美国丹佛）

硅谷等相对活跃且包容性高的地方居住，由此这些区域的3T得到更好的运转，从而形成良性循环。

需要特别指出的是，佛罗里达认为能够吸引创意阶层的包容性城市需要具备以下条件：生活方式（音乐、艺术、尖端科技、户外活动等富有多样性的生活方式）；社会交流（同伴间轻松交流的社交场所）；多样化；并非随处可见的真实感和特有性；拥有一些如同参加街道主题活动一样的、可以有力参与其中的高品质场所。

日本经济学者佐佐木雅幸（2001）在研究中指出，要将艺术文化作为建设创新城市的中心，在创新城市政策方面主张建立文化价值和经济价值共存的文化产出体系，将艺术文化作为知识信息社会的核心基础设施，来引导市民进行创新的制度。创新城市的案例中，比较有名的是金泽市[1]。金泽市提出了建设手工艺创意城市的构想：旨在融合创意文化活动和创新产业活动，来发展、支撑金泽独特手工艺文化的制造业；制定相关条例，来积极推动历史街道的保护；设立金泽美术工艺大学和金泽职人大学等，来继承金泽特有的工艺人技艺；设立以金泽市民艺术村和金泽二十一世纪美术馆为代表的设施，以培育新兴市民文化。金泽市正推进着这些全方位的创新城市方针，今后的发展十分值得期待。

综上所述，地域产业发展理论的趋势发生着改变，从曾经是“二战”后日本地域开发基调的、以吸引主导产业为基本

1. 译者注：金泽市，位于石川县，是石川县的首府。

策略的增长极理论，转变成以地域资源为本、致力于发展地域产业的产业集群理论，进而又变为强化地域特性、吸引创意阶层、旨在提升创新能力的创新型区域理论。创新型区域理论的代表论者库克，把创新型区域中发生的发展称为生产性增长（Generative Growth，Cooke and Schwartz eds.，2007）。本书所提倡的创意街区理论，就是以实现地域内的生产性增长作为目标的，因此该理论在上述变化过程中的定位也就显而易见了。

## 2 对国家政策的需求以及结构的转换

### 由大数据描绘出的国土结构的转换

近年来，随着互联网的发展和全球化的推进，不论是信息还是物资与资金，都可以在全国各地跟世界其他地方进行实时而且是双向性的交换。也就是说，信息、物资以及资金的流通已经转变为网络形态。从地理上来看，曾经的城市中心配置了所有的城市职能。随后购物中心和街边商铺在郊区设立，大型医院也迁向郊区，甚至因为郊区便于汽车行驶，县政府和市政府、运动公园、文化设施等公共设施也设置到郊区的各处。结果造成城市结构的大变样，城市已经不再是从前那种具备明显向心力的结构了。

以上观点可以通过最新的企业间交易的大数据分析，以及城市圈网络构造的监测数据来证实。在福田、城所等（2015）研究中，根据企业间交易网络的特性，将全国的企业划分为四种类型，即连线（Connector）型（把地域内生产的产品直接销往外部）、受体（Receptor）型（购买外部产品在地域内部进行销售）、全球关联（Global Link）型（与地域外部的交易十分成熟）和本地服务（Local Service）型（在地域内部的本地活动中表现突出），并依据城市规模的差别对各类型企业的空间分布进行了分析。分析城市中心的企业交易网络上的地位可以得出，全球关联型企业（从事广域活动的企业）有将公司总部设立在大城市（城市圈人口100万人以上）中心（1.5千米范围）的明显倾向，它们具备企业间交易网络的集线器功能。另一方面，在地方核心城市（城市圈人口30万~100万人）和地方中心城市（城市圈人口15万~30万人）之中，城市中心部的优势没有在上述任何类型的企业中得以体现。正如人口和就业人员的分布一样，从企业活动的网络可以看出，地方城市的结构不再是从前那种需要中心街市的层级构造，而是转变为没有明确中心的结构。

## 国家土地政策需求——范式转移（paradigm shift）

明治（1868—1912）以后，日本坚持实行了以东京为核心的中央集权国土建设，特别是在“二战”后的国土开发规划中，形成重视效率（大城市中枢职能→中小城市服务职能→地方生产职能）的单一层级型（Hierarchie）的均一国土结构。结果，就像全国地方城市中车站前的景观都十分类似一样，地域开发的推进形成容易同质化的另一面。但是，国土开发的时代已经成为过去，以上地域开发的主要潮流正朝着创新型区域理论转变。不用多说，“创新”就是创新型区域理论中关于国土政策的重要目标。而且，考虑到东日本大地震之后的社会发展状况，还有另一个重要的关键词，那就是愈发不稳定的现代社会在面对诸如全球变暖下气候的变化和自然灾害的频发，全球化进程中社会经济的不稳定，人口减少和超高龄化社会的到来等一系列问题时所具备的“恢复力”（Resilience）。

表 2-2 中，对效率作为原理的国土政策模式（这里称为产业城市模式）以及把创新和恢复力作为原理的国土政策模式（创意街区模式）进行了概括。从国土政策的观点来看，二者有着重要的区分，产业城市模式是责任分担型，而创意街区模式是自我组织化型。责任分担型指的是根据先前制定好的职责分担来推动各区域发展的规划论，比如像东京就聚集了大企业和金融机构总部等中枢管理职能，地方城市则是工业区划，而农山渔村就成为第一次产业基地。从生活服务职能方面来看，专业性的医院位于大城市，地方城市有综合型医院，农山渔村只有小医院和诊所，公共设施基于层级型结构来进行配置的方式，就是一种典型的责任分担型模式。

与此相对，自我组织化型模式继承了各地域的特色并在各地区间起着融合作用，结合时代需求形成各具特色的地区并促成各地区间的合作，是一种提升国土整体创新和恢复力的具有生命论的规划理论。第六次产业化、市场与研究开发相结合、研究开发与生产相结合等正不断发展，今后如果代表互联网科技的信息通信技术能够得以广泛利用，那么这种趋势还将会更进一步。在此背景下，一次产业、二次产业、三次产业，以及经营、研究开发、生产、销售等垂直分布的产业将会逐渐失去意义，无论是大城市、中小城市、城镇还是农村都在向着具有复合职能的功能融合型地域转变，同时这也是政府所期待的发展方向。

**表 2-2　国土政策发展理论关系谱**

| | 产业城市模式（单一目的的机械论模式） | 创意街区模式（复杂体系的生命论模式） |
|---|---|---|
| 原理 | 效率性 | 创新力·恢复力 |
| 结构 | 层级型 | 网络型 |
| 功能 | 责任分担型（政策中统一划分的职能分担，划分为一次产业、二次产业、三次产业）<br>·致力于实现经营、研究开发、生产、销售的垂直划分<br>·依据城市规模来进行城市服务的垂直分配（从高到低） | 根据自我组织型（地区间的相互作用来进行特色划分）<br>·六次产业化、市场与研究开发相结合、研究开发与生产相结合等功能融合的发展<br>·不受规模限制开展特色城市服务 |
| 推进力 | 招揽企业 | 生活方式产业 / 创意的实现 |
| 手段 | 基础设施投资 | 投资打造生活方式 |

但是，这里的功能融合指的是大小城市中全方位配置的生活所需的城市功能，与上一时期中提出的配套型政策存在着差异。这是一种利用地域特有的条件激活生活方式，有选择地组合其所产出的功能的策略。还有一些效果是值得期待的，如医疗服务的案例，基于与自然环境共生的生活方式而打造的医疗观光型专门医院在农村设立，接纳和吸引了日本全国乃至世界范围内的顾客来访（图 2-4）。因此，我们需要构建一个可以促进国土开发转向自我组织化、网络化的制度和框架。

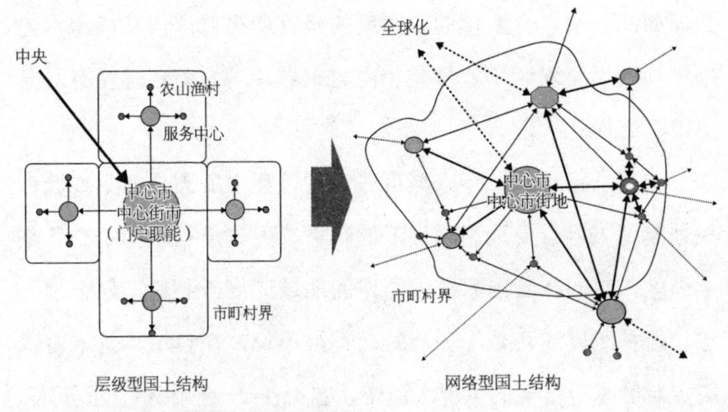


图 2-4 国土和地域结构样貌的变化图

## 城市建设由菜单式向组合式（Bricolage）转换

为推行创意街区模式的国土政策，制度需要朝着什么方向去转换呢？2000 年施行了《地方分权一括法》，此后国家权力向地方分散，各自治体就具备了一定的自由度来实施政策决定。但是对于城市建设制度而言，城市规划制度也好，中心市街地活性法相关的制度也罢，其所能选择的规格和事业种类都局限于事先由国家制度规定好的菜单式主义。东日本大地震灾后振兴事业也有着同样的限制，虽然在事业的组合上有一定的自由度，但是各自治体以复兴事业的主力身份、利用复兴交付金来开展事业的时候，却只能在事先规定好的种类中进行选择。菜单的内容，从以前的定食菜单，即自治体对缺乏自由度的个别事业提供补助的方式，变为自治体可以在规定好的补助项目中自由选择种类和规模的点菜式菜单，可以选择的种类增多，菜单设计的范围也比之前有了大幅提升。而且，受益于特区制度的影响，自治体有了一些对放宽国家制度限制提出建议的机会。如此一来，自治体的自由度的确有所提升，但从国家事先制定规则以及限制事业种类和内容来看，基本上还是没有脱离层级型结构。

尤其从推进地域特有城市建设的过程中所需求的重要城市规划制度来看，土地利用规范的种类，无论是东京都中心还是小街区，都同样受国家统一制定的地域制度所制约。仔细想一想，这种制度还真是十分巧妙，不得不说，在自治体基本可以决定制度本身框架的世界潮流中，它实在是一个特例。近年来，通过城市建设条例和地区规划等制定，各自治体围绕其地区实情努力推动着城镇建设。但由于无法改变土地利用制度的基本框架，所以在实施地域特有的城市建设这一点上难以发挥出最大的效力。

处于菜单式主义背景下的制度，与创意街区所构想的打造地域生活方式的城市建设的思维方式大相径庭。笔者强烈希望国家能从根本上改变法律制度，来帮助自治体制定出符合地域特有生活方式的土地利用框架，也就是实现从菜单式向组合式（自治体可以根据各自条件制定相应方案的结构）的转换。而且，因为“平成大合并”的影响，城市地区与农山渔村之间进行了广泛的合并，所以广域合并市的市域范围内就囊括了城市、山地、平原农业区、临海地区等生活方式不尽相同的地域条件。要在此类地区实施彻底的城市内分权改革，就算是旧市町村程度的改革也会相当困难。

在那个城市化急速发展的年代里，在不影响城市化速度的前提下如何扩大具备基本功能的街市，曾经是一个重要的课题。

在此情形之下，根据全国统一制度来有效率地推进城市建设的思路是可以理解的。但是，受人口减少以及大地震和气候变化等影响，在应对重大灾害成为难题的今天，与从前的城市化时代相反，如何对街市重新整编、如何恢复自然环境成为一大课题。如今，平原外沿到山地之间的区域内的限界村落（65 岁以上人口占比 50% 以上的村落）增多、城市郊区空地和空房增多、中心街市闲置商铺增多，等等，问题堆积如山。就算是要对街市进行重新整编，也需要耐心地与当地居民达成共识并进行共同协作。从创新性的观点来看，为了不丢失多种多样的地域自然条件和生活方式（甚至发掘、打磨），不能遵从于全国统一的菜单式模式，而应根据各地区特有条件来选择相应规模和事业来全方位地推动城市建设，即实行组合式的城市建设，这是非常必要的。

## 3 创意街区的萌芽

上一节内容虽然介绍了许多制度层面的难题，但其实在各式各样的街区中已经出现了向着创意街区发展的趋势。本节内容将选取几个先锋街区进行介绍。关于案例城市的选定，笔者根据各城市推进中心街市活化事业的方式对其进行了分类（图 2-5），并选取了各类型中恰当的、多次出现在文献等材料中的中心街市活化城市案例。关于分类，首先将有关中心街市活化方向的决策和实施方法设定为管理轴，再把有关中心街市事业的经营方法设定为经营轴。管理轴分割了由行政主导的旨在开展事业的行政主导型，以及行政和民间大致对等的以协同合作来推动事业开展的协作型。经营轴则是划分为依据行政中期规划来开展事业的规划先导（Proactive）型，以及适当根据外部环境的变化作出应对的适应（Adaptive）型。

图 2-5 中虽然把第一象限的类别命名为“协作型”，但从理念上来说，这其实是一种行政和民间达成一致后，依据中期规划协作推进事业开展的类型。第二象限的类别命名为“行政主导型”，它是一种由行政主导的依据中期规划来开展事业的类型。第四象限所表示的是，在行政支援的条件下民间成为活动主体并灵活应对外部环境的变化，这里将其命名为“民间主

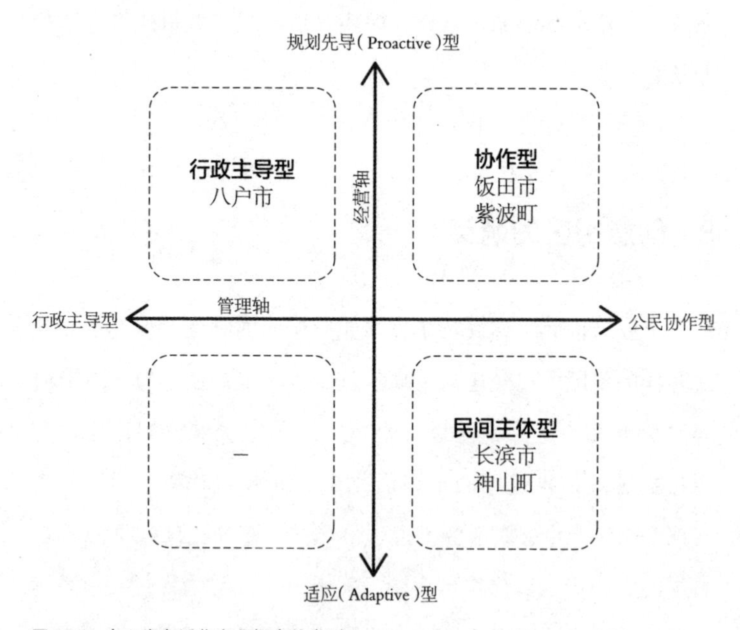


图 2-5　中心街市活化事业探索的类型

体型”。虽然可以灵活应对外部环境，但由于无法想象出行政和民间不存在协作的状态，因此第三象限是空白的。

### 行政主导型的探索案例

#### ·八户市

青森县八户市是中心街市活化和定住自立圈[1]的有名范例。它还拥有以下优势：坐拥全国屈指可数的渔港、水产加工业聚集；1964年被认定为新产业城市之后，以三菱制纸为代表的制造业得以汇集并迅速发展；设立了理工类学府八户工业大学和八户高等专门学校、创业和运动领域颇具优势的八户学院大学等有特色的研究和教育机构。

从打造生活方式产业的观点出发，八户市的特质可以从八户市直营设施门户博物馆“Hacchi”[2]的活动中窥得端倪（图2-6）。“Hacchi”创立于东日本大地震发生前的2011年2月，地址位于中心街市的正中心，它的事业理念为“珍惜地域资源、催生新兴魅力”。在这样的事业理念的指导下，开展了以下三种事业：会所建设（大众皆可参与其中的场所建设）、场馆租赁事业（剧院、日式房屋、展览馆）、自主事业（促进中心街市繁荣、振兴文化艺术、振兴城市建设、振兴旅游观光）。

“Hacchi”开馆后的四年半时间里，参观者超过了400万

1. 编辑注：“定住自立圈”是日本政界学界提出的概念，意即中心市与周边的市町村协商组建的“共同体”。
2. 译者注：原文为“はっち”，这里取其读音。

人次，以“Hacchi”为开端，出现了IT企业在中心街市汇聚等现象，中心街市开始转变成一个产出创意的场所。民间事业者对“Hacchi”的周边区域进行了重新开发，新的公共空间屋顶广场（Machiniha，暂用名）、市营图书中心、咖啡馆、IT企业雅虎等纷纷入驻，与“Hacchi”一起创造出一个多样化的活动空间。

“Hacchi”成功的核心在于，通过其推行的驻地艺术家（Artist in Residence）提炼出了发掘地域资源的方法。根据上述事业理念“Hacchi”做出了驻地艺术家的尝试，它在创立当初就与惠及全体市民的社区艺术有着共同的关注点，借助

图2-6 “Hacchi”（八户市）

可以随意进出的整洁空间（左上）。在晚上可作为戏剧和音乐等活动空间（右上）。供企业利用的制作工作室空间（下二图）。

艺术家的力量形成新的视点，再次挖掘地域资源，并且重视通过不断积累经验来解决地域课题。在这个过程中，产生了跨越既有社区的一种新关联，被寄予了激发新创意的厚望。此种意义上，“Hacchi”的探索就是构成打造生活方式产业的重要元素——“发掘和打磨生活方式”的先进案例。

从创意街区形成的观点来看，“Hacchi”有着很高的定位，“Hacchi”馆内各类场所中设置自由空间，除了可供人们自由使用的场地之外，还有供驻地艺术家使用的工作室。“Hacchi”有这样的空间管理特征，说明既是市营设施，又是彻头彻尾的供利用者自由使用的场所，尤其是它并不设置任何规矩，而是跟利用者一起来思考如何使用场馆这一点，给笔者留下了深刻的印象。

其中，从创意街区形成的观点出发，八户学院大学校长大谷真树主办的创业者养成讲座值得关注。自身就是创业者的大谷校长，为了给八户市输送源源不断的创业人才，创办了创业者养成讲座。讲座不同于商工会议所和故乡同窗会所代表的竖线型关系，而是构建了一种存在于有创业志向的伙伴间或者是创业者和投资者之间的全新的“斜线型”的关系（在本书的语境中即指弱连接），讲座当中还显现了一些很有意思的毕业生创业案例。八户学院大学地处郊区，为了更好地与中心街市相联系，该讲座利用了充满创意氛围的“Hacchi”的场地来举办。这个案例正好具备了上述内容所阐述的创意街区的重要特征，同时它也是结合自由的公共空间与创业支援网络、激发开放型网络和投资创意、打造新产业发展等内容的鲜明案例。

## 协作型的探索案例

### ·饭田市

长野县饭田市与八户市一样，也是中心街市活化和定住自立圈有名的范例。饭田市提出了据点集约合作型城市的构想，并把中心街市定位为中心据点。饭田市中心街市活化基本规划中的基本方针为以下四点：“重新审视地域特有价值”，“立足于用宜居创造新价值”，“通过与多种主体的合作交流来推进城市建设”，“建立便于来往的城市交通基础”。前两点正好是本书语境中的“打磨生活方式”。

从打磨生活方式的视点出发，饭田市发挥的主要作用就是建设了1947年饭田大火灾后恢复重建工作的标志空间“苹果树大道”。“苹果树大道”具有复兴故事的象征性和贯穿城市中心的公共空间场所特性，被定位为饭田市的“心灵的寄托处”“多样化市民活动中心”“人际交流的纽带”和“唤醒身份认同感的场所”，放到中心街市活化事业当中来看，也同样是一个富有魅力的街道空间。株式会社饭田城建公司是以当地事业者为中心成立的从属于第三部门[1]的城建企业，以其为主体开展的街市再开发事业等主要的中心街市活化事业，也集中设立在了“苹果树大道”之中。需要特别指出的是，通过“苹果树大道”这个媒介，一些由视野宽阔的市民组成的全新开放型网

1. 译者注：第三部门指的是，为推进地域开发和新城建设，由第一部门（国家和地方公共团体）和第二部门（民间企业）共同出资设立的事业团体。

络在这里应运而生：因每月举办“苹果树大道”步行者天堂活动（年间到访者14万人以上）而建立的“苹果树大道城建网络”（约有30个团体成员），将体验中心街市和“苹果树大道”的乐趣、建设市民期待的“街区”作为目标而成立的市民组织“IIDA WAVE”，在中心街市中开展创业支援活动的非营利机构法人“饭田支援网络畅想”，等等。也就是说，“苹果树大道”具备了富有创意氛围的开放型空间的功能。

此外，在饭田市地域经济活化的进程中，“建设吸引年轻人返乡的产业”和“推动新的人流到饭田来”是两个重点项目。这两个项目在以下方案被重点指出：前者的主要事业是利用工业高等学校旧址建设产官学协作的“知识据点”，后者的主要事业是通过“适用于实现饭田生活方式建设的方案”完善育儿环境、倡导与农业相伴的居住方式。其方向与本研究中提出的打造可以激活生活方式的产业思考相契合。

**·紫波町**

岩手县紫波町是一座有名的通过PPP（Public Private Partnership，政府和社会资本合作）建设而成的城镇。紫波町将2007年称为政府和社会资本合作元年，并在东洋大学的支持下，以城镇居民研讨会的形式在居民间达成共识。紫波町取得了如下成果：PPP利用位于车站前地价严重下跌的城镇所有地（共10.7公顷），将其作为人群聚集的据点，推进了由公共图书馆、子女抚养支援设施、产地直送市场、专业足球场、专业排球馆、住宿设施、咖啡馆、居酒屋饭店、保育园等官民复合设施等组成的“Ogal 计划”[1]。“Ogal 计划”开展以来在2009 年成立了第三部门 Ogal 紫波株式会社，该企业是跟进行政合作进行地区管理的主要力量。“Ogal 计划”在运作上具有如下特色：通过 PPP 量身定制而成的开发方案，不以实现最大容积率为目的来进行开发，而是事先确定好需求住户后再计算必要的建筑规模和成本，进行切实可行的开发。

“Ogal 计划”的活动场地设立在离老旧商业街有一定距离的地区，因此可以把它归类为打造新型街区中心的案例。从创意街区形成的观点出发，紫波町等类似案例有着特殊的意义。换言之，紫波町为了有效利用街区所有地（提升不动产价值），谋求创造出一些提供重视生活方式的人群聚集场所（具有特色的专业体育设施、具有特色的图书馆、工作室、产地直送市场），促使城镇内部及外部的广域范围内的人群得以在此汇聚。最终打造出了一片各种设施（咖啡馆、居酒屋、商铺等）齐聚的生机勃勃的区域，提升了地区的价值和土地租金，实现了良性循环。

### 民间主体型的探索案例

#### ·长滨市

滋贺县长滨市是知名的中心街市活化先进案例，在后文第3 章内容中我们将对其进行详细论述。自 20 世纪 80 年代以来，

---

1. 译者注：原文为“オーガルプロジェクト（Ogal Project）”。“オーガル（Ogal）”是当地人选取日本东北方言中含有发展意味的方言“おがる（Ogaru）”和法语中表示车站的“Gare”，并将二者组合在一次而创造的新词。

以第三部门的城建企业株式会社黑壁为主要力量，推动了以玻璃文化观光为核心的中心街市再生的建设。当时归属于长滨市青年会议所的中小企业和本地商店经营者们，在黑壁中扮演了重要角色。旅游观光为当地中心街市带来了人气，近年来在商工会议所的倡导下成立了长滨城建株式会社，并以其为中心开展了闲置商铺的宣传推广等工作。由此，地区内部有经营意愿的事业者们在中心街市开启了新的事业。另外还有其他一些中心街市活化的案例：由神前西开发株式会社实施的不动产开发，基于市政府制定的中心街市活化规划中的整合事业来推进的空房再生事业，命名为“长滨里黑街”[1]的商业街活化活动，因“U-Turn”“J-Turn”“I-Turn”聚集于此的年轻人作为核心开展的名为“湖国”[2]的旨在宣传地域魅力的事业。

从生活方式产业生成的角度，我们可以把长滨市当作一个典型的案例。长滨通过打磨城镇文化的生活方式，挖掘出了玻璃文化的新创意，并通过对玻璃文化创意的投资，打造出旅游产业这样一种生活方式产业。以创意街区形成的视角来看，黑壁在创立初期即为一个枢纽，提出要保留玻璃文化和街道文化中富有特色的关键词，在其指引之下有志人士参与其中构成人际网络，为城市再生做出了重大贡献。

**·神山町**

德岛县神山町因“神山计划”而被人熟知，神山町地方创

1. 译者注：原文为“長浜うらくろ通り”。

2. 译者注：原文为“KOKOKU”。即“湖国”的罗马字表示，长滨位于“琵琶湖”附近。

生的进程，恰好就是创意街区模式下推行地域活化的鲜活案例。“神山计划”是在驻地艺术家项目实行后的第18年（2017）开始实施的。神山推行驻地艺术家的目的并不是收集那些名声在外的艺术家的作品来招揽游客，而是改善因艺术创作而到访的艺术家的居住体验，同时也鼓励居民参与制作，以此来提升神山町特有的地区价值。这其实就是打造生活方式产业语境中的挖掘和打磨生活方式，例如驻地艺术家出月秀明在2012年建造的作品《被隐藏的图书馆》。据说神山町的居民一生之中只有三次机会（毕业、结婚、退休）可以把书籍放到这个图书馆去珍藏，因此图书馆成为居民记忆中共有的场所。这个作品在神山町的居住意义上释放出颇具意味的信号，它通过挖掘和打磨地域生活方式，非常直接地向我们解释了提升地区价值的意义所在。

此外，“神山计划”还有另一个要点，就是由非营利性组织“绿谷”作为指定管理运营方的神山町移住交流支援中心所实施的驻地工作策略。通常情况下，移住促进支援政策立足于促进移住实施的观点，比较重视有移住需求人群的意向，以及移住地的条件是否互相匹配。然而，如何保障有移住需求人群的就业成为一大难题，现实生活中也存在许多难以解决的案例。但是与之相反，神山町把驻地艺术家的思维上升到驻地工作的高度，其策略是通过门户网站“IN神山”来宣传神山的生活方式，把神山优美的自然环境和极具户外氛围的工作生活方式的魅力介绍给大家，吸引了一些即使搬家也不会影响工作的人员和创业人士来到神山。结果成功地吸收了不受场地限制的IT、设计等行业的从业人员，成功开设了能够在广域范围内招揽顾客的特色商铺（小酒馆、咖啡馆、面包工坊、比萨店、鞋店等已经处于营业状态），并吸引手艺人前来神山。自2011年以来，迁入人口超过迁出人口，迁入人口的平均年龄在30岁左右，而且很多有孩子的家庭也搬到神山，形成一个良性的循环。这些现象就是对生活方式所产生的共鸣。

另外，到2015年为止，IT、影像、设计等行业的12家企业在神山町设立了卫星办公室，其间不断有工作人员从东京总部入驻神山，同时也有一些人因为对神山町的生活方式产生了共鸣而搬到神山居住。这里还为当地年轻人创造了富有价值的工作机会。特别是从创意街区形成的观点来看，这些内容是值得关注的：上述卫星办公室和驻地工作的开展，大多都是对神山町旧商业街中的闲置民居和闲置商铺进行了直接改造利用；同样地，通过对旧商业街中的闲置商铺进行改造、吸引移新居民入驻开业的小酒馆和咖啡馆等商铺，形成一些可以密切进行创意交流的场所（图2-7）。笔者在对设立了卫星办公室的IT企业家的采访中得到以下佐证：东京等大城市过于庞大，与不同领域的人才进行交流的机会反而非常有限，而在神山町，企业家们能够跟同样受神山生活方式吸引而迁入或到访的艺术家和设计家等多样化人群进行交流，可以得到与东京不一样的互动，这就是神山町的优势。而且在孵化空间方面，由德岛县、神山町、非营利性组织“绿谷”联合出资，将原来的纺织厂改造成为的众创办公室——神山山谷卫星办公室“集合”，于2013年1月投入运营。

图 2-7　闲置民居和闲置商铺改造而成的 IT 行业相关的卫星办公室、新居民开设的商铺汇集在一起的旧商业街（神山町）

非营利性组织“绿谷”举办的学习塾也非常值得关注，这个以学习神山生活方式为目的的学习塾每年都会举办，其中有一些参加学习的年轻人对神山的生活方式产生了共鸣，并在之后搬入了神山町。

有不少外地人或新居民，在对神山町内实现的新型工作方式产生共鸣的外地人和企业家之间构成的网络中充当着中介，这正好形成一幅“一部分人影响另一部分人”的构图，这个靠山的小城以创意街区的形式发生的“大变革”，实在是让人为之动容。

# 第二部分

## 创意街区的实践

高松丸亀町商业街再开发后，曾经的札辻[1]改建而成的圆顶广场中，人们正在享受生活（参照 150 页）。

1 译者注：原文为“札の辻”。札指告示牌，辻指道路的交叉口或边缘。“札の辻”指的是古代在交通量较大或居住人口较多的地方，设立了法令公布等用途的告示牌的街道或交叉口。

# 第3章 三种关键手段

## 1 “设计”“商业”“方案”

通过前文内容，想必大家已经对创意街区的背景、意义和必要性都有了一定的了解，后半部分将对实现创意街区的方法进行具体分析。首先，从回顾“引言”部分阐述的创意街区的定义开始讨论。

创意街区，作为根植于地域整体风土人情的内发式产业发展的驱动力，是推动地域中心城市的街市再生，支撑、培育、强化和宣扬地域特有生活方式的根据地。创意街区有以下两个基柱：一为“街市再生”，即依据设计规范对中心城市中伤痕累累的街市实行渐进式的开发（或保护），恢复美丽宜居的街市；二为“生活方式品牌化”，即在充实地域中必要的市民服务的同时，打造根植于地域特有生活方式的产业品牌。

“街市”的范围在几公顷至十几公顷之内。《中心街市活性化法》所规定的“中心街市”存在政策影响力随管辖范围的扩大而趋于衰退的倾向。这里的“街市”要与其区分清楚，指的是通过土地权利人之间比较容易形成共识的开发单位集中地、渐进地积累和实施小规模开发计划，以此来创造街市的魅力。地方城市中的中心街市由于发展潜力低，出现了开发成本与市场价格逆转的现象（投资得不到相应的不动产价值回报）。用集中开发与投资来恢复地区的竞争力，虽然在初期离不开政府的支持，但此后需要形成民间投资的循环。集聚，就是成功构建商业模式的关键。

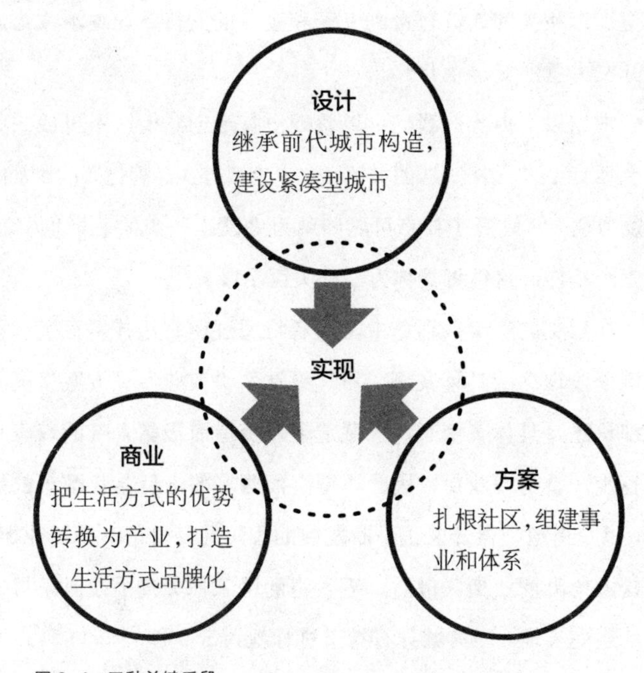


图 3-1 三种关键手段

为了让上述进程能够顺利取得实质性发展，就必须要加以适当的管理。比如：

①实现美丽宜居的城镇再生所需的设计规范；

②对历史建筑进行保护和有效利用，以及共同开发建设时的权利调整和资金调度的管理；

③为了在城镇建设过程中能够妥当利用土地和建筑，对

土地的所有和利用进行分离，进而实现更为适宜而有效的管理；

④为推进生活方式品牌化进程，从过去的大型店铺身上学习创立品牌的体系。

主要负责实施这些管理的主体只能是社区。社区居民及其他与街市相关的人群在得到专家和企业的支持下，逐渐成为新的开发力量（城建企业）。

根据以上内容，我们可以整理出打造创意街区不可或缺的三个要点：“美丽宜居的城镇”，“生活方式品牌化”，“社区开发力量”。这三个要点可以归纳为“设计”“商业”“方案”的三个基柱，这里将其称为三种关键手段。

在后文的“实践篇”中，笔者将通过调研选择培育了三种关键手段理念的具体案例，对“设计”“商业”“方案”展开详细论述。具体案例有，因藏造老屋街道而极具人气的埼玉县川越市一番街商业街，因“黑壁”而闻名的滋贺县长滨市的街市，以及街道型再开发正不断发展的香川县高松市一番商业街、高松丸龟町商业街。最后，笔者将套用三种关键手段对东日本大地震受灾地——宫城县石卷市进行探讨。

不过，立即展开三种关键手段的介绍可能会让读者难以理解，所以在探讨三个关键的各项目之前，我们先以介绍各案例的方式来为读者加深一些印象。由于篇幅的限制，这里只选取高松市丸龟町和长滨市的例子进行介绍。

## 2 高松市丸龟町商业街

### 建在札辻之上的玻璃圆顶

首先，我们来看一看走在中心街市再生事业前列的高松市丸龟町商业街。丸龟町商业街自“二战”后一直开展着富有创意的活动，是值得全国效仿的范例。高松市耗费十多年的时间对城镇进行了修复改造，其代表作就是那个位于全长 470 米的商业街最北端的、直径 25 米的玻璃圆顶。圆顶下方的圆形广场上，有一幅由画家川岛猛创作的抽象画作品，在透过玻璃洒进来的光线中闪闪跃动。川岛是高松市人，他在纽约 SOHO 区里设立了自己的工作室，直到去年才返回日本。自 2007 年 5 月竣工以来，圆顶广场成为高松市的中心街市中最受欢迎的活动场地，周末活动会场的预约令工作人员应接不暇，甚至议员选举的候选人也会把这里选作演讲的第一站。这片曾是城下町[1]时代街区中心的土地——“札辻”，正如其字面意思一样以现代街区中心的形式复苏了。

坂仓建筑研究所大阪事务所负责玻璃圆顶的设计工作，他们也提出过平面玻璃屋顶的方案，但事实说明不外乎设计规划中探讨的结果，圆顶的设计才是正解。想要营造空间整体感，中心部凸起的同心圆状穹顶就是最佳选择。选择玻璃和铁作为

1. 译者注：城下町，以城郭为中心形成的城市。中世时，领主的城馆周围形成的镇称崛之内、根小屋、山下等，到近世一般称“城下”。战国大名随其领国的统一，把直属的武士团和工商业者集中于城下，作为领国的军事、工商业和交通中心。

建筑材料也是正确的。讨论的过程中，由于涉及成本、承重和顶棚规格等复杂因素，将材料改为聚碳酸酯板（PC板）和铝材的议题被多次提出。最终圆顶的框架没有使用现在流行的桁架，而是采用了古典的水平垂直结构用铁材组合建造而成；圆顶内部的构造则是坚持了“广场要中间高四周低”的原则。这个例子非常好地展现了设计的重要性。

如下页图，高松市丸龟町商业街共有7个街区（A～G），玻璃圆顶位于商业街的最北端，建立在A街区的43位土地权利人共同改造开发而成的广场上方。A街区的改造开发并不影响土地所有权的变更。也就是说，玻璃圆顶的一些部分是在私有土地上建成的。各土地权利人暂且把实际的土地划分放到一边，为创造出美丽的街道和内容丰富的公共空间，对这个圆顶建筑进行了分配。圆顶建筑归土地权利人成立的城建公司所有并实施管理。这些私有土地不论是被建成圆顶还是广场，其所有人同样都能收到租金。简而言之，土地权利人通过共同利用土地把期望中的设计变成现实，并成功提升了土地的价值。三种关键手段中的“方案”指的就是，如同上述案例一样的，为实现设计内容而制定的规划。“方案”的保障范围涉及以下一系列的内容：从类似于上文中提到的基础结构的构想开始，到灵活利用城市再开发法等制度设立和完成再生事业，直至设施运营体制的确立。

A街区竣工以后，一些全国性品牌企业成为街区主体建筑的主要承租人。这片街区紧挨着三越百货，各类品牌商店在“高端品牌荟萃的成年人时尚文化之街”这一商业概念的号召下汇

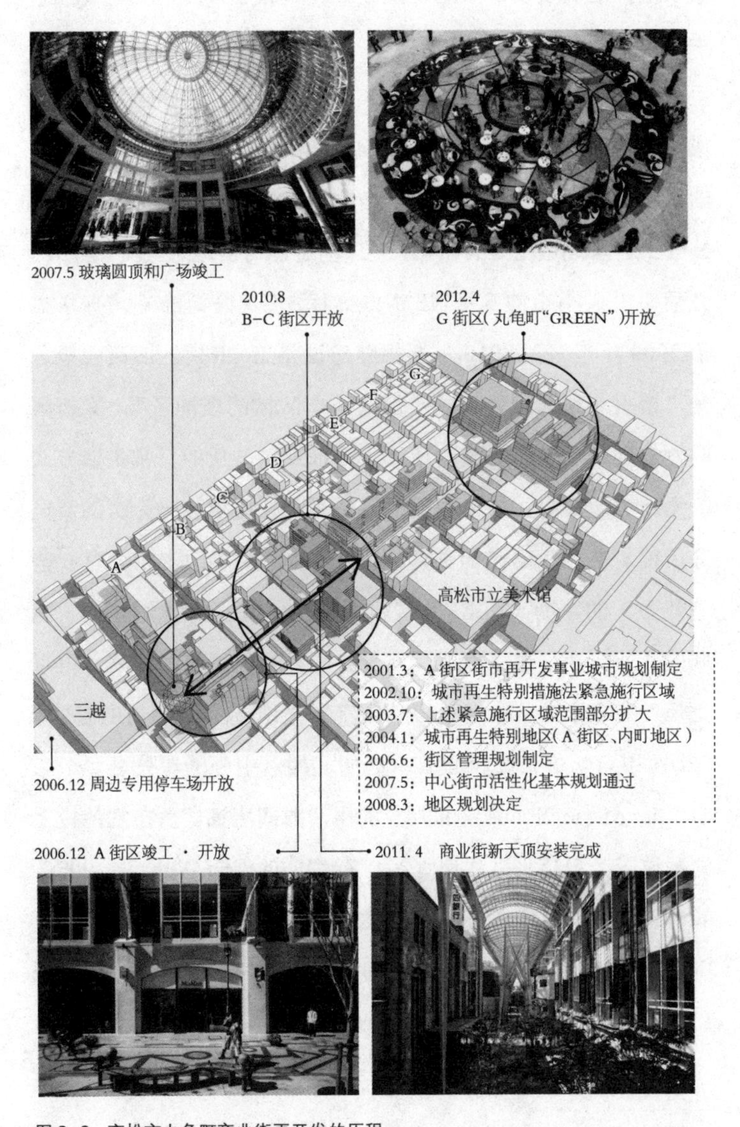


图 3-2　高松市丸龟町商业街再开发的历程

聚于此。这其实反映了此阶段中三种关键手段之一的“商业”手段。

A街区主体建筑建成（2006年12月）、玻璃圆顶装载完成之后，高松丸龟町商业街的B、C两个街区采用了“小规模渐进式再开发”的模式。它不是对街区进行全面改造，而是根据业主需求建造出共有楼盘，循序渐进地对街道进行更新建设。之后，大大小小的5栋（B街区3栋、C街区2栋）共有楼盘于2009年年末到2010年春相继建设完工。B街区的商业概念是“指引A街区顾客通往C街区南部区域的缓冲带”，C街区的概念则是“灵活多变的精选店铺以及高品质的日常生活方式汇集地”。其中，如何利用地区资源，打造出独一无二的新概念店铺，便成为问题的关键。A街区在某种层面上多少有一些“外力”的帮助，而B、C这两个街区才真正为我们体现了地域的商业街在推进“商业”开展时所具有的价值，其具体内容就是“生活方式品牌化”。B街区有多家精选本地食材的餐厅；C街区中有一栋在二楼建有中庭的大楼，中庭的深处是一个名叫“Machi no Schule 963”[1]的生活方式店铺，而在它的楼上则开设了美术馆北路诊疗所。有关“Machi no Schule 963”的内容，将在后续章节中进行详细介绍。

2011年4月，A～C街区的建筑改造告一段落，一个总长100米的玻璃顶棚架设在了街道的上方。这个新的顶棚同样使

1. 译者注。原文为“まちのシューレ963”，意为“街道里的学堂963”。“Machi no Schule”是其日文发音，“シューレ”源自德语词“Schule”。

用了玻璃和铁作为材料，是根据法定的地区规划，在规定的高度为 16.5 米的低层部分上搭设而成的。它比以往的顶棚要高出两倍，使街道比以前更加明亮了，创造了犹如圆顶广场中那般光线跃动的舒适空间。

### 高松市丸龟町商业街的再开发

高松市和日本其他地方城市一样，郊区化很严重。大型购物中心的人均使用面积在日本排第 1 位，相对的大型商铺单位面积的地价却排在第 43 位，因此大型卖场的竞争陷入白热化。另外，2004 年废除了城市规划制定的街市化区域和街市化调整区域划分，居住区持续向郊外扩散，加速了中心街市空心化进程。丸龟町最鼎盛的时候年通行量超过 1000 万人，而如今却减少了一半。高松丸龟町商业街的再生工作，就是为了切断这种进程而展开的。再生工作的开展，使丸龟町的年通行量恢复到超过 600 万人的水准。

1988 年，丸龟町举行了开町 400 周年的庆典，时任商业街振兴组合理事长的鹿庭幸男，提出要向着下一个百年庆典进发。他的发言鼓舞了青年会。此后在商业街的领导下，高松丸龟町商业街的再开发事业开始了。当时，本州岛和四国岛之间的联络大桥工期紧迫，以周边车站为核心的再开发工程如火如荼。郊区推进着区划调整，大型商铺相继入驻郊区，这使得商业街陷入危机之中。高松丸龟町商业街作为商业街现代化的典范，虽在商业街政策上被认定为“已完成现代化”，但是为了得到更进一步的发展，它还在做着努力。这一阶段，无论是高松市还是香川县的政府部门，都在勉强支撑着商业街的建设。

如今商业街的再开发事业已经告一段落，高松市政府做出了“少子高龄化和郊区化若继续发展，将会导致郊区生活陷入困难”的判断，并于2013年总结出了“多中心合作式紧凑型绿色城市”的构想，在市内设立了17个集约据点（1个广域交流据点、8个地区交流据点、8个生活交流据点），鲜明地展现出要抑制其他城市开发投资的姿态。包括丸龟町在内的中心街市被划为“广域交流据点”，不难想象，高松丸龟町商业街的成功成为推动这个构想的契机和信心的来源。

现在，商业街周边区域的再开发事业还在继续，规划也依然没有停下脚步。

## 3　长滨

高松市是香川县县厅所在地，也是被称为“四国玄关”的核心城市。高松市的商圈人口约为60万人，是有必要并且有可能以建设楼房来进行再开发的城市。但是就全国而言，规模更小且极具魅力的城市还有很多，它们也在努力推进着再开发事业。其中，就有一位“领头羊”——滋贺县长滨市，从长滨这里我们可以找到三种关键手段的原型。

长滨是一座伫立在琵琶湖北段的美丽城市。古城区是一个东西400米、南北1200米的长方形，棋盘状，町屋[1]鳞次栉比。1575年（天正三年）羽柴秀吉（丰臣秀吉）在长滨建立了城池。进入江户时代以后，长滨成为彦根领藩，作为商工业城市繁荣发展。另外，长滨还有一座净土真宗的古刹大通寺，即便是在今天，前来参拜的游客也是络绎不绝。长滨还是一座门前町。江户时代的主要街道是琵琶湖沿岸的北国街道，与琵琶湖连成一线，贯穿城市南北。这条北国街道与朝向内陆地区的街道的交汇处被称为“札辻”。在这个交叉路口的东北角上，有一座于1900年（明治三十三年）作为第一百三十银行长滨支行建立而成的，被大家亲切地冠以爱称“黑壁”的建筑。随后在1906年（明治三十九年），该建筑成为总部设于名古屋的明治银行长滨支行，又在1931年（昭和六年）倒闭之后经历了纺织公司的配送所和烟草经销公司的营业所等变迁，于1954年（昭和二十九年）涂白了墙壁，变为长滨基督教堂。

1987年，长滨基督教堂搬迁，该建筑被挂牌出售。当地民众担心它会惨遭破坏或被改造成为公寓住宅，向市政府提交了一封集体签字的请愿书，希望政府能够出资购买并将其纳为资料馆。应对市民请求的是时任商工业观光课长的三山元暎。三山认为即使市政府将它建成资料馆，也不能帮助城市恢复生机。于是他召集了相同年龄段的城建研究人员来进行讨论，他们是纺织品批发商、仓储公司、建设公司、制造业等领域的长

1. 译者注：町屋，又称町家，日本中世纪以来城市住宅的典型样式，是商人和手艺人工作和居住的传统连体式建筑。

滨经济界的经营人士。他们决定共同出资购买土地和建筑，成立了一个运营公司。市内的8家企业最先决定出资9000万日元（约500万人民币），后来又在长滨市政府的号召之下追加了4000万日元（约220万人民币），总共投入1亿3000万日元（约720万人民币）的资金成立了株式会社黑壁。他们在向长滨市政府寻求资金支持时提出了这样的理由——“市政府单独购买要花费1亿日元（约560万人民币），而如果投资给公司，就只需要不到一半的钱。”

但是，无论是在公司成立前，还是在成立并购买了土地和建筑之后，短时间内都没有找到如何处理该建筑的方案。后来，株式会社黑壁决定利用玻璃激活古建筑，并对设施进行整合，大胆地从欧洲购入玻璃并最终取得了巨大的成功。这其中的奋斗事迹十分具有传奇色彩，黑壁的官网上面有记载，推荐各位一定要去看一看。

收购完成后的建筑用地上建立了一系列建筑设施，除了用黑色泥灰包裹墙壁的本馆（黑壁玻璃馆、1号馆）之外，还有本馆背后的由仓库改造而成的提供玻璃餐具的地道法国餐厅（Bistro MuRenoir、原2号馆，现为意大利餐厅Osteria Verita、3号馆）、玻璃工坊（黑壁工作室、原3号馆，现为2号馆）、公共洗手间（原4号馆、现在没有番号）以及袖珍公园等。1989年7月，黑壁开始正式营业。此后，玻璃馆的营销额从1989年度（9个月）创下的1亿2300万（约690万人民币）开始，以每年7000万日元（约390万人民币）左右的幅度逐步增长，到10年后的1999年达到8亿7700万日元（约

图 3-3　热闹的黑壁广场和北国街道

上图最右侧前方的建筑是空地上新建立的古美术商店，它的里面是修复古建筑改造而成的乡土料理店（下图）。它们是开发商株式会社黑壁成果之一。

4910万人民币）。这个曾经每小时只有“4个人和1条狗”通过的札辻，重新恢复了热闹非凡的生机。

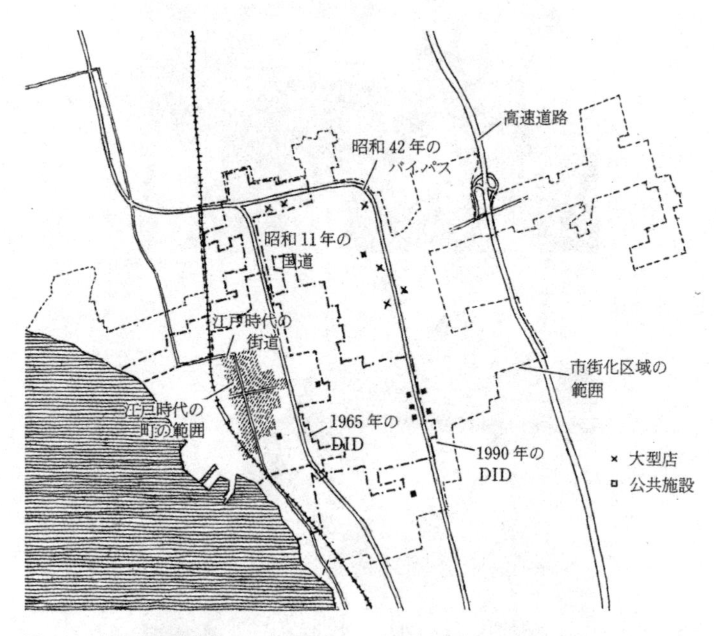


图3-4 长滨街市的扩大

沿琵琶湖建立的长滨街市在迂回道路建设时期向内陆区域扩展了范围。特别是1967年（昭和42）的迂回路沿线，以长滨乐市[1]为开端，大型商铺相继在内陆区域设立店面。古城区内寂静无声。

出处：福川・青山（1999）

单从上述成功经验中，我们竟然可以读取出长滨市实践了三种关键手段的信息：“设计”——保护历史建筑并对其加以改造利用；“方案”——建设企业株式会社黑壁担负起城市开

1. 译者注：乐市・乐座指安土桃山时代，以织田信长为代表的战国大名在其所支配的市场中实行的经济政策。

发的职责；“商业”——历史中的时髦之光玻璃工艺成为与长滨街道相匹配的魅力商品。当然，这一切都不是偶然的产物。关于“设计”，早在1984年就有市民在不依赖咨询顾问的情况下制定出“博物馆城市”构想的先例。这是一个把城市本身当作博物馆，发掘历史资源来开展城市建设的构想。关于“方案”，长滨市一直都流传着一种在遇到困难时由市民自发集资攻克难关的传统：早些年，如市政府成立40周年的1983年，市民集资捐赠了4亿3000万（约2410万人民币）用于长滨城的恢复重建；又如修建大通寺门前的长滨御坊表参道商业街的时候，当地商业街振兴组合、观光物产协会、观光协会、料理饮食协同组合等组织共同出资，把商业街中那些已是闲置店铺的房屋，改造成名为“花馆”的旅游观光中心，并于1987年将其投入运营。围绕这条表参道的修建有过细致的讨论，最后实行的“设计”如下：取消增加路宽、建设高层建筑的计划，拆除街道上方老化的顶棚，恢复了传统的每家每户探出长长房檐的风貌。类似于玻璃工艺这种“商业”的推行也是有前例的。首先是町屋生活中有随着季节改变生活用品摆放的传统，继而在1987年创办了可以被称为艺术活动先锋的艺术版乐市乐座（艺术在长滨）。中心街市中商铺的窗户等位置上点缀着艺术作品，街道变成一个艺术陈列室，时至今日这种“展览厅城市乐座”的艺术活动依然作为传统得以延续。

重要的是，三种关键手段在城市整体的再生工作中得到开展。至于之后的发展和面临的新问题，将留到后面的章节中进行讨论。

阅读完以上内容，相信大家对于三种关键手段都有了一定的理解。随后的文章中，我们将会以商业（生活方式品牌化）、设计、方案的顺序来介绍各关键手段的案例，并对其进行详细论述。在结尾的部分则会通过三种关键手段的视角，对东日本大地震受灾地石卷的街市展开探讨。

# 第4章 商业：生活方式品牌化

## 1 Machi no Schule 963

“欢迎来到赞岐，光临我们的街道。”高松丸龟町商业街叁番街（C街区），有一座因小规模渐进式再开发事业而建成的大楼，一楼是一些精选商店，比如“TOMORROWLAND”等品牌。顺着大楼正门旁边的扶梯往上走，就能看到后文（第5章 设计）中将介绍的那个开设在二楼中庭深处的名叫“Machi no Schule 963”的生活方式商店。“Schule”就是“学校”，它传递出了“营造一个可以学习衣食住等生活方式的空间”的意味。

“Machi no Schule 963”是由奈良“胡桃树”[1]咖啡馆的主创人石村由起子命名的。963正是源自于“胡桃”[2]。石村由起子是高松市人，创立了“Machi no Schule 963”。店铺的面积有宽敞的200坪（约660平方米），布置了7个模仿学校设立的“Klasse”（教室）。2010年12月，“Machi no Schule 963”开始正式营业。

进入正门，是“食・器”的区域，以赞岐为主的各种四国

1. 译者注：原文为“くるみの木”。

2. 译者注：日语中963的发音与胡桃（くるみ）的发音相近。

岛食品与器皿在此汇聚一堂。虽然这么说，但其实并不是像高速道路休息区那样把商品堆积到一起进行展示，而是精心设计陈列，商品也附有详细的介绍供顾客挑选。又或者是，后文中将会介绍的厨房工作室的研讨会和咖啡馆的菜单，一起为顾客加深了对于食文化的理解。例如在小豆岛的酱油特集中，收集了山六酱油“鹤酱”、正金酱油“初榨淡口（生）”、山久酱油的“杉樽仕込纯正浓口”等商品，工作坊还开办了“‘岛时间’学堂——酱油侍者与乐趣本身的味道”活动，顾客们在参与其中的同时，也加深了对活动内容的理解。

这家店还有一个与高速道路休息区不一样的地方，就是他们甄选了来自赞岐和四国以外地区生产的一些优质的、人们想要拥有的、可以成为标志商品的东西，放到店铺里去售卖。如果能够在全国范围内建成更多的同类型店铺，这种在郊区大型

图 4-1　位于新建大楼二楼中庭深处的“Machi no Schule 963”入口

店铺中无法复制出的多样化商品，就足以成为一大武器。

接下来的教室是“生活杂货”。厨房用具、器皿、保存容器、收纳筐、毛巾、抹布、围裙、浴室用具、洁面用品等，应有尽有。同样地，这片区域也不考虑地区和国籍，践行着甄选优质物品和消费者需要的商品的方针。所以这里才会放置一个由料理研究家有元叶子运用新潟县燕市的技艺打造出的不锈钢盘子。2012年11月举行的濑户内生活工艺祭中，五位手艺人分别制作了盘子、汤碗、饭碗、杯子、盆这五种器具。工艺祭期间举办了动手制作容器来装盛由女木岛食材制成的料理的活动，上述五位手艺人的作品还被放到“Machi no Schule 963”进行售卖。这些作品现在成为最具人气的商品——赤木明登制作的黑漆汤碗、安藤雅信制作的切込高座盘子、内田钢一制作的白磁饭碗、辻和美制作的杯子、三谷龙二制作的木盆。不过，对于“Schule”来说，最重要的工作当然还是在于推动与本地手艺人之间的合作。集结了赞岐漆艺匠人的力量制作而成的儿童漆碗（拭漆套装），以及由居住在香川县的吹制玻璃制作家蛎崎允制作的“Schule”原创玻璃杯，现在已经成为“Schule”的必备商品。正如各位所知，毛巾和抹布是位于隔壁的爱媛县今治市的特产，所以店铺中也准备了精心挑选的相应商品。香川县和四国岛各地，有许多工匠拥有自己的工作室，具有地方特色的地方工业也相对繁荣。在今后也需要对这些原创商品进行持续开发。

教室中还有一些时尚元素。除“evam eva”和大桥步的“a.”之外，大部分都是经设计师设计后少量生产的工作室品牌。设计师会参加每年春秋两季在展览厅中举行的发布会。

店铺最里面的位置是展览厅，有一大一小两个厅，在指定期间内对特定作家、品牌、主题的作品进行展示。当然，这里不是美术馆，是进行销售、接受订单的。后文将把 2017 年举行的展览会和其他活动放在一起进行展示，相信大家在阅读之后会有一种要搬到高松居住的冲动。

展示会的间隙里，每个月都会以各种各样的主题来举办茶话会。每到这时，一张由樱制作所制作的名叫“天游桌”的椅子式样的茶桌就会大放异彩。

有趣的并不只有展示厅。展示厅前方的右手边，是一个以“手工艺・民艺”为主题的教室。高松市是一个拥有县立工艺高等学校的工艺之城。高松作为传统工艺香川漆器的产地而被人熟知，县立工艺高等学校的毕业生活跃其中。樱制作所由于制作中岛乔治设计的家具而闻名，它的创立者永见真一就毕业于工艺高等学校。艺术家野口勇与流政之把他们的个人工作室设立在庵治石的产地、市内庵治町。建筑设计师丹下健三设计的香川县政府大楼，现在已经被彻底修复并很好地保护了起来。去参观樱制作所建造的中岛乔治纪念馆的游客，看到那些来访者留存下来的图画，应该能够感受到高松正是现代设计的圣地。由此我们可以看出，定期开展的濑户内国际艺术祭有着深层次的背景。“Machi no Schule 963”应该也在其形成中起了一部分作用，它在这个主题教室中对器具和家具进行了介绍。这里摆放着一些家具和野口勇设计的照明器具，不过真正博得了人气的是香川县唯一的“菓子木型”(果子即点心；木型即模具)

图4-2 Machi no Schule 963的“教室”

传统工艺师市原吉博制作的，将“木型”跟“和三盆”合而为一的“干菓子制作套装”和“赞岐篝手毬”。

“手工艺·民艺”区域的正后方，有一处比地面高出一级台阶的厨房工作坊，在那里每月会举办一到两次研习会。正如我们已经看到的一样，有不少研习会将连同展览会一起举办。

厨房工作坊的窗户一侧是“鸟·植物”教室，那里放置着“鬼无盆栽”等绿色植物和园艺用品，还有一些鸟类雕刻作品。门口有一只充当招牌的鹦鹉，在它心情好的时候会用赞岐方言说着“您可算是来了”，迎接人们的到来。

最后要介绍的是咖啡963。中庭里面生长着枝叶茂的橄榄树和葡萄树，阳台跟咖啡963连成一体，构成一个舒适的空间。人气菜单是每两个月一换的午饭套餐。咖啡963经常会把食材、餐具、菜单跟店内的商品和活动联系在一起，这一点是比较重要的。因此，家具也就成了展示品。咖啡店内的家具是由居住在香川县的家具手艺人松村亮平制作的，摆放在阳台的家具则是由铁器手艺人槇塚登制作而成。阳台区域会随着季节的更替举办“Schule庭院市场”活动。伴随季节的变化，在绿芽与红叶环绕的环境中，汇集了以香川物产为中心的安心美味的蔬菜果，以及面包和糕点等商品。一般情况下，二楼内侧的位置不利于商业设施发展，但是这个区域却跟中庭一起成功地营造出了一个独特的世界。

实现生活方式的品牌化，首先就需要各地域的居民尽享当地生活方式，并对其产生自豪感，成为建设生活方式的责任人。“Machi no Schule 963”最重要的作用在于，它让四国和高松的人们重新审视丰富的地域生活方式，享受其中并且对其进行了打磨。除了把重心放在赞岐和四国的物产以外，还逐步吸收全国乃至全世界范围内的优质事物，持续为新生活作出提案。而缩短责任人与制作人之间的距离，需要重视展览厅活动，还要建立起设计师可以随时参与改造住宅和店铺的环境。“好看、好玩、好吃”是店铺成功的三个条件，这样的店铺具有不同于美术馆等设施的诉求，存在无比巨大的可能性。

## 2 酒店街区

### 町屋民宿

以下是有关长滨的内容，这里要介绍的是町屋民宿。町屋民宿是在活跃于日本的美国东洋文化学者亚历克斯·克尔（Alex Arthur Kerr）的主导下开始推进的，京都的町屋交由一个名为“庵”的事业体来运营，如今这种探索已经在全国范围推广开来。2010年长滨市得到他们的指导，将两间连在一起的中华料理店进行了修复（原本是江户时期的古町屋），还改造出一个供整栋出租的民宿“季之云旅馆”。民宿位于最具历史气息的南伊部町旧址（壹番街商业街东侧、现在元滨町14号和19号）。道路对面有一块空地，为了保持街区的整体性，在空地上新建了一个町屋风格的小型酒店（类似这样的对街道进行填充的开发称作内部开发），并配置了还可以提供早餐的餐厅和展览室。这是一日游城市长滨实施的强化住宿功能的新尝试。

最开始担任运营的是，活跃在黑壁初创时期的水野（旧姓）和她的丈夫中村。他们在一个与旧长滨城相接的村落里经营着一个展览馆，后来又将其改造成“季之云旅馆”并投入运营。在这个被修复的町屋里，不仅精选了由法国建筑家勒·柯布西耶（Le Corbusier）设计的椅子，还对家具的配置和摆放进行了精心设计，而这些东西本身也就成为活化传统日本民宅、打造新生活方式的提案。为了不让外国游客感到困扰，他们还在二楼设置了一个不会对建筑造成损伤的淋浴间。

12.23 日本玩具展（～1.9）：“这里有基于日本各地的信仰、风土人情以及民众生活的背景，通过各种各样的素材和色彩制作而成的乡土玩具。……本次展览汇集了由全国各地而来的依旧处于制作生产状态中的玩具。期盼日本优秀手工艺能够得以存续……”

1.18 书籍与茶 重逢（～1.30）：“仿佛在‘Schule’的店内设立了书店。主要精选了衣食住的相关书籍，还收集了‘451书店’的古书，以及红茶、日本茶、咖啡、茉莉花茶等饮品。”与此相关联，德岛县的咖啡馆在“蜡烛之夜”中开展了一日喫茶室活动，高松市瓦町的人气商店“半空”的经营者冈田开办了咖啡教室。

2.7 柠檬展销会（～2.21）：除了有“绿柠檬之岛”——爱媛县岩城岛的柠檬制成的绿柠檬酱之外，还有三丰市种植柠檬的农家“ROROROSSA”制作的柠檬蛋糕、糖渍柠檬蛋糕、柠檬果酱，以及可以连皮一起吃的新鲜柠檬等。

2.9 大桥步a. 春夏精选（～2.13）：“会场终于建成，仿佛是一个有着春夏季节感的清爽空间。其间推出了由前所未

图 4-3 高松 · Machi no Schule 963 年度大事记（2017 年）：以展览会为中心

有的素材组合、颜色搭配制作而成的连衣裙和衬衫，以及使用麻作为原料的裙装裤装等人气商品。店内的咖啡馆还在活动期间内推出了以 a. 为概念制作的零食。”

2.18 古器具展会（～ 3.7）：精选由冈山县、香川县、德岛县的四个古器具店出品的“日本器具”。展示了书架、抽屉、精致的水屋橱、玻璃糕点盒、椅子等大件物品和极具个性的小摆件。高松锻冶屋町的花店“YARD yard”还提供了风信子、山间野草、橄榄树苗等装饰。

3.2 “Schule”之庭 3 月：“‘Schule’门前的庭院中吹过的风开始一点点回暖。今年的金柑树也结满了果实。杏树鼓起花蕾，仿佛就要绽放一般。”

3.17 Takashi Nakao 100 灯展（～ 3.26）：Nakao 运用纤维增强复合材料进行着从精美用具到立体作品的一系列创作。2014 年“濑户内生活工艺祭”中，女木岛的沙滩上展示的名为“家”的作品引起关注。这次在店内展览厅中设置了大小各异的 100 个灯具。使会场成为一个“灯吧”。其间还会提供自助餐饮服务，以及由“sara366”提供的色彩丰富的零食，还有一些风味特别的饮品。

3.25 东香川市 细川先生的“牡丹饼”和“草莓大福”（～ 4.2）：材料几乎都是来自东香川市，草莓的品种是“赞岐姬”。

4.1 chahat 印度布料展（～ 4.16）：主要有在现场裁剪出售的布料和缎带，还有一些印度的刺绣手帕和丝巾，玻璃茶杯、编织筐等富有趣味的杂货。食品方面则有一些印度的香料和用于烹饪民族料理的原料出售。

4.9 “Schule”中庭市场：集结了来自香川、德岛、高知三县的八家店铺。

图4-3 （续1）

4.15 茶叶专家神原博之的沏茶法则暨茶话会（～4.16）：和新作品《茶之旅》在一起Ⅰ。

4.21 LABORATORIO展（～5.8）：木工作家井藤昌志在松本市开设的“Select Shop & Coffe”来到“Schule”。活动期间展示由井藤制作的储存食料用的木质圆形收纳盒，信州的美食和作家的作品，以及在全国范围内精选出的十家与

图4-3 （续2）

“LABORATORIO”关系密切的品牌和店铺提供的精美商品。

5.19 STOCK OUT（～5.21）。

5.26 Chiclin展（～6.5）：2014年入驻“Schule”的品牌“Chiclin”举行的首次展出。“使用棉花和亚麻制作而成的衬衫、针织衫、短裙、裤子、连衣裙等商品具有‘Chiclin’的风格，颜色和形状都非常不错。”

6.4“Schule”之庭6月：“‘Schule’门前庭院中的树木，有的开花，有的结果，今年也非常健康地沐浴在阳光之中。”

6.11 伊藤五郎 & Robin Dupuy Guitar & Cello Concert。

6.15 高知展销会（～7.3）：酱料（柑橘小夏·梅紫苏）、室户岬的油封肉、生姜起泡酒、香菜油、新高梨调味汁、香草罗勒、果酱等。

6.16 “播种”生活中的服装（～7.3）：“早川优美用

针线活来一针一线地表达旅行和生活中收获的东西。运用如今很贵重的土佐紬（茧绸）以及上海木棉和立陶宛亚麻等各种布料，通过一针一线来将其进行组合，制作出世界上独一无二的服装。”讲座首日举行了“制作‘播种’围裙”的活动，还提供了黄金柑橘制成的甜甜圈。

7.12 MONPE展览会（～8.2）：裤口处收紧的长裤MONPE（日本妇女劳作时穿的裤装），是传统服饰久留米絣（碎白点花布）按现代风格重新设计、制作而成的轻便舒适的日常穿着。有良好的吸水和速干性能，不仅适用于日常穿衣，还可用于休闲与农业劳作。

7.15　和菓子容器展（～7.31）：会场收集了12位和菓子手艺人制作的器皿。相关活动有御菓子丸·杉山早阳子主办的和菓子茶话会“御菓子丸的清淡”，还有和菓子制作人松冈先生主办的菓子怀石“香菓闻味之乐”。

8.5　ao展（～8.31）：可以感受到细木棉经清洗、褪色后具有的美妙之处的纱布服饰。除了那些穿在身上就有如量身定做一般的常备商品之外，还有一些可以体会纱布本身柔软特性的婴儿服饰，以及触感舒适的休闲服饰。

8.11　濑户内展销会（～8.31）：濑户内地区的美食齐聚一堂。

8.25　上野刚儿陶器展（～9.10）：上野刚儿主要是在香川县东香川市烧制的一种被称为“南蛮手”的陶器。这次展览与德岛县神山的“Food Hub Project”相互联系。神山“KAMAYA”餐厅的厨师长细井惠子推行了“用上野刚儿的陶器来品尝美食”的活动，该活动的食材来自德岛和香川，并用上野制作的陶器来进行装盘。

9.15 Awabi Ware Exhibition（～9.26）：这是一个以淡路岛为制作基地的淡路陶器展。开展了使用淡路陶器装盘，使淡路岛与香川县的食材相融合的活动。其间，促成了淡路岛的“北坂养鸡场”和香川县的居酒屋“山国”的合作协议。不同地区的饮食业同行通过器皿联系到一起。

9.20 “Schule”中庭市场 秋：在露台中尽情感受秋高气爽。

10.4 工艺运动@高松（～10.10）：高松县的驰名工艺品、庵治石、香川漆器、菓子木型、赞岐篝手毬、保多织、盆栽、理平烧等齐聚一堂。活动期间还进行了以“创造传统的未来，仅仅依靠手艺人就够了吗？”为题的讨论，探讨传统手艺的未来发展问题。

10.7 秋天的气息：“‘Schule’的庭院也迎来了季节变换的时期。现在开始，山葡萄、菲油果、金柑、小杜鹃、沙枣等将为庭院增添上秋天的色彩。”

10.19 大桥步 a. 秋冬精选（～10.23）：推出了以“成年人的可爱”为主题的新品连衣裙和外套。店内的咖啡馆还在活动期间内推出了以 a. 为概念制作的零食。

10.28 白田山羊绒服饰展+东北展销会（～11.7）：展出了在宫城县的制造公司的工厂内，由手艺精湛的匠人使用手动编织机器一件一件精心制作而成的白天山羊绒服饰。这些服饰有着极度柔软和亲肤的特征。展出了色彩多样的针织衫、丝绸质地的山羊绒织物，以及“Machi no Schule 963”原创针织衫和围巾等物品。食品卖场进行了东北地区的食品展销会。

11.2 新年风俗商品 正月特集。

11.5 新米到店。

11.11 金泽展（～11.26）：“金泽的工艺和艺术非常繁荣。有众多制作人向我们提供了陶器、玻璃制品、木工、金属制品等作品，以及食品、酒类、皮质箱包和钥匙包等范围广泛的商品。”小展示厅中举行了“玻璃和彫金、金泽的 3 人展”展览。期间内还开设了“福光屋 BAR”。

12.8 mature ha. 展（～12.18）：以神户作为活动据点的“mature ha.”推出的新款帽子来到“Schule”。

12.12 La brocante 展（～1.8）：海外的古器具和北欧复古风家具等进入展览厅。

此大事记由“Machi no Schule 963”制作。引号内的内容选自 www.schule.jp“每日事件”（部分节选）。

季之云旅馆不只提供住宿，运营者们还利用建筑本身和其庭院来定期举行展示会、研讨会以及自由市场。展示会中，木作、金属制品、陶器、服饰等内容多样的作品在町屋的环境中进行展示，日本酒研讨会、新年注连绳制作和圣诞用品制作等活动也在制作者的联动之下开展起来。每月一度的“季之云旅馆自由市场”中，农家、手工艺者、糕点师、和菓子制作者们来到市场中开设店铺，吸引附近的居民聚集于此。这个活动使街市居民（尤其是儿童和年轻人）了解到他们生活的环境中有着优质的蔬菜和大米、富有艺术气息的器具、丰富的社区。这间民宿不单是针对游客，还为当地居民重新审视自身的生活方式、丰富其内涵创造了机遇。现在的季之云旅馆已经更名为“町屋之宿·伊吕波”，

图 4-4 町屋民宿（勒·柯布西耶设计的椅子被恰到好处地填充到江户时期发展而来的町屋之中）

并作为“Green Hotel 集团”旗下“Yes 长滨港馆”的姊妹馆来运营，但内部的家居摆饰和装饰并没有发生变化。

## 酒店街区

诸如上述以所谓的体验生活为由来活用古建筑、提供住宿的尝试，在民宿热潮和观光立国政策的背景下迅速开展而来。在意大利，有人将分散在具有历史气息的街区中的民宅改造为寝室和餐厅，被称作 Albergo Diffuso（英语为 Diffused Hotel，分散型酒店）的酒店街区模式在全国范围内推广开来。同样的尝试在日本也有了一些发展。

不过，要实现这种利用历史建筑提供住宿设施的服务还存在着制度上的障碍。在建筑基准法、消防法和旅馆业法的规定下，实际操作起来就会使灰色地带无限扩大。基于旅馆业法，整栋出租的旅馆会出现不能设置前台的问题。2013 年的国家战略特区工作组把“活用历史建筑”、医疗和雇佣等 6 种手段定为发展基柱。而且不仅限于特区，这个课题被放到全国的基准之内进行对应[1]。至此，各自治体在新提出的制度下开始各自制定条例。以京都市的保护及活用历史建筑相关条例为开端，已有 6 个自治体制定出了相应的条例（截至 2017 年）。但是，要让更多的町屋得到利用，依然存在不小的难度，我们寄希望于能够积累更多的实践经验。这些努力正在持续，京都更是进一步地制定出了《关于保护和继承京都市京町屋的条例》[2]。

## DMO

如今，因为政府部门的主导，各地旅游观光的管理经营组织——日本版 DMO（Destination Management Organization）的成立正在不断推进。DMO 就是“在引导出地域‘创造价值的能力’的同时，为了培育民众对于地域的自豪感和热情，在‘观光地经营’的视点之上引领观光地区建设的实施，与多类别相关人员协同合作，为实现概念明确的观光地区建设制定战略，并贯彻战略实施的具备调整能力的法人”。酒店街区的意想与 DMO 组织之间有着极高的亲和性。以长滨为例，如何突破玻璃馆的旅

1. 国土交通省住宅局建筑指导科科长提出的“关于建筑基准法第 3 条第 1 项第 3 号规定的运用等问题（技术性建议）”（2014 年 4 月 1 日）。
2. 2017 年 11 月 16 日制定。规定京町屋的所有者如果想要拆除京町屋，需尽早向京都市提出申请。

游观光、走向下一发展阶段，就是今后面临的主要课题，其主题正是“长滨式的美丽生活”，即充分置身于长滨的街道之中，来体验琵琶湖北的历史和自然，这就是其发展目标的理由。长滨 DMO 的设立正在讨论之中，它即将面临的任务就是如何整合地区环境。

以琵琶湖为中心的湖北自然环境，使长滨在开展山麓巡回游览、自行车观光、独木舟观光等方面有着独到的优势。日本古代、中世、战国时代的历史文化，以及处于时代前列的历史和人文景观也极具魅力。特别是以一些大寺庙的屋顶为主体的村落，在穿过云层扑面而来的阳光下熠熠生辉的景象，是湖北地区特有的美景。各村落悉心保护着古代和中世时期的观音像。再也没有比长滨更适合作为环境保护和环境学习的场所来举办活动的地方了。我们需要开发湖北野外休闲娱乐的活动项目，使之成为酒店街区的一环，还要在城镇中开设能够成为核心的旅游服务平台。计划实施再开发的地区就是否实施以下建设正在进行着讨论：配备网罗湖北地区各种资料的书吧，并让其成为人群集聚的场所；配备储物柜和浴室等设施；使野外活动用品、时尚服饰、自行车销售修理等店铺应有尽有（图 4-5）。

## 3 商业街的再定义

### 高松市丸龟町商业街的挑战

像“Machi no Schule 963”那样的生活方式店铺，以及类似长滨町屋民宿的酒店街区，都向外界释放出了生活方式的

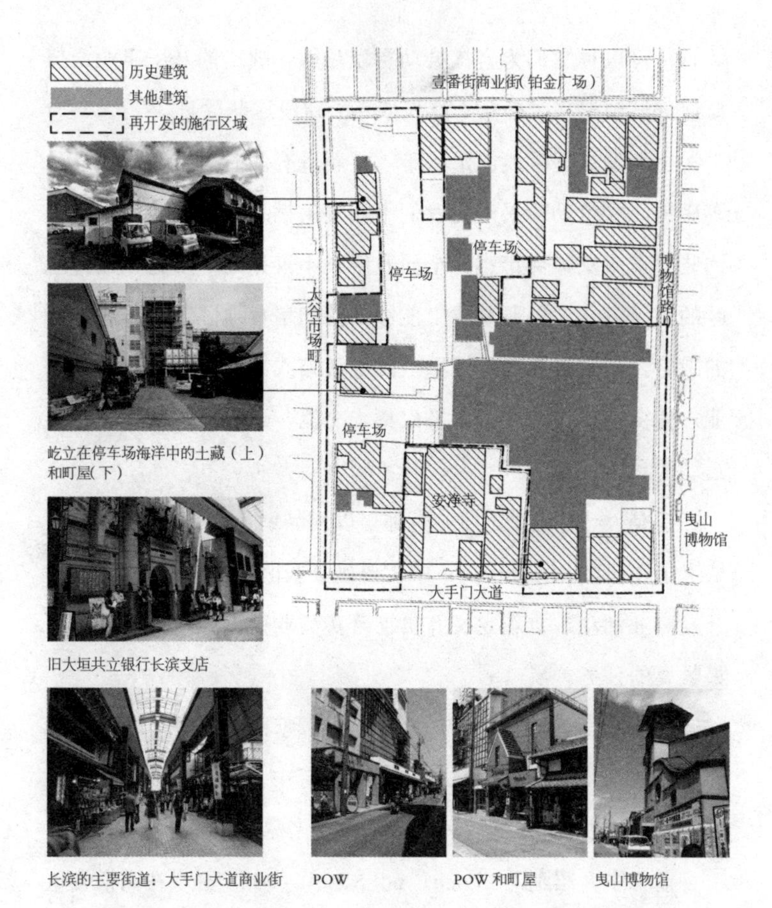


屹立在停车场海洋中的土藏（上）和町屋(下)

旧大垣共立银行长滨支店

长滨的主要街道：大手门大道商业街　POW　POW 和町屋　曳山博物馆

图 4-5　长滨市新阶段的探索（元滨町的再开发）

这是位于黑壁玻璃馆所在街区东面的相邻街区中，保存并合理利用历史建筑，为吸引居住人口回流而建设的住宅。本文所论述的设施等修复型再开发正在进行之中。此街区虽然建有共同店铺（寄合百货店），但它是 1970 年建成的钢筋铁骨结构的 5 层建筑，并不符合当今的抗震属性。街区内散落着一些历史建筑（斜线），但周围的空地大多都被建成停车场。这恰好就是地方城市经常能够看到的光景。除了较多留存着历史建筑的一角之外，虚线部分区域中的土地权利人提出要进行再开发。不过，计划施行的区域中还是存在一些历史建筑。虽然暂且更换街市再开发的区域已成为基本原则，但由于 2016 年城市再开发法的修正案的规定，符合一定条件的建筑将可以继续存留。利用这项制度，就能够谋取继承历史环境和修复街区的双赢局面。

信息，可以称它们为直接推动实现品牌化战略的基干事业。但要促进城镇振兴，必然不能只依靠于建设这些项目。

在触发这些手段的形势下，更新既有的时装、杂货、食品等店铺，并带动新兴创业者们不断发出挑战，必须要积累所有这些要素来支撑街市进行全面升级。不仅如此，要充分宣传地区的生活方式，还要制定出能够维持和培育地区生活方式产业的战略，也就是要开发维系地区生活方式、激活地区社会的产业，使街市成为地区中人群聚集、交流、开展多种文化和社会活动的场所。

但是，一直以来，商业街都是以商品销售和饮食作为主体，缺乏上述机能。所以在街市中需要确立社区所承担的必要责任，开发商业活动。重新定义并贯彻落实商业街的职责，就是当下最紧要的任务。

高松市丸龟町商业街中也开始出现了这些探索。这里就让我们来重新梳理高松丸龟町商业街中“Machi no Schule 963”诞生的经过，然后思考一下接下来需要做些什么。

前文中介绍到，“Machi no Schule 963”开设在高松丸龟町商业街叁番街（C 街区）中新建的大楼二层。高松丸龟町商业街在经历了 A 街区再开发成功之后，在 B、C 两个街区开展了由希望进行开发改造的居民共同建立楼房的再开发事业。虽有 5 栋大小不一的建筑拔地而起，但它们在竣工前由于土地的收益问题遭遇瓶颈，陷入了需要重新制定策略的境地。最后在 B 街区中形成多种提供各地区食材的餐厅和自然食品商店，在 C 街区中建立起多个运营主体，开设了以杂货店为主的生活方式商店。此外，C 街区还有诊疗所、在高松市周边丰富的自然环境中提供实地调研服务的特产商店和咖啡馆等设施。

仔细思考可以得出，这其实正是街区本来的面貌。建设楼房吸引品牌商店入驻来提升商业街的魅力，使市民期待能在城市的第一商业街中接触到这些商品，这是有必要的，而且这种机遇对于商人们来说是值得去积极争取的。但是，地域中的第一商业街是否应该一门心思地吸收品牌入驻，还有商榷的余地。如果把商品的供给都交给全国性品牌，就会造成商业街的定位只能屈居于以东京等大城市为顶点的树形结构的末端。就像人们经常说的那样，高松的 LV 商店卖的商品不同于东京，而东京的 LV 又跟巴黎的店铺不太一样。暂且不说 LV，还有其他多个品牌，不久后就要开到郊外的大型卖场中去，中心街市最后将会在销售能力上输个精光。如此一来，商业街中能看到的个人店铺将不会再有全国性品牌的人气商品出售。高松丸龟町商业街中也有一些店主迫于上述变化的压力关闭了店铺（这就是 20 世纪 80 年代～ 90 年代兴起的流通革命背景下商业街的实态）。

为了不重蹈覆辙，商业街中央的品牌商店不能只服务于地区的供给，而是必须要扎根于所处地域、创造出自己的品牌，通过商业手段来向外界输出地区产业的信号。这里需要纠正的是，重蹈覆辙不会显得太没有志气，地域的中心商业街，有必要通过商业来承担起重振和激活包括农村在内的地区整体经济和社会的一部分任务，也就是说中心商业街必须自己要有成为发动机的觉悟，并且能够付诸实践。中心街市的振兴如果不具备这样的视野，就不可能有可持续的建设发展。这也正是创意街区中“创意”的内涵。

引领高松丸龟町商业街开展再开发事业的明石光生（高松丸龟町商业街振兴组合副理事长）的发言，正好从商业街的角度出发印证了上述观点。

> 以前在参加研修会的时候有人对我说：“商店如果纠结于地理环境和现在的地址是行不通的。商业街什么的该放弃就放弃好了，哪里能挣钱就上哪儿去。”吉之岛创始人冈田卓也就因此大获成功，他还说过“重要的店铺需要必备的运输条件”这样的话。但是我们要反其道而行。我们既不会更换场地，也不会改变经营方式。买卖是要根据客户的需求来作出应对而调整的。有一些人会抱怨如果超市来了，那么以往的经营模式就一定行不通，所以不能改变——这里可是400年前就流传至今的中心商业街啊。然而，没有任何一个人在几百年中都做着相同的买卖，即使是下一个100年也同样如此。你们要好好看看地图，谁都能看得出这里才是高松的中心。所以才说街区必须要顺应时代的发展啊。

大阪市立大学名誉教授石原武政是研究商品流通和商店问题的专家，他指出明石光生和冈田卓也所代表的商人正好分别对应了“街市商人精神”和“企业家精神”，并对商店街的前景进行了探讨。大家如果有兴趣的话，可以去查阅针对这一问题的论作《零售业的外部性和城市建设》（石原，2006）。

## 下一步举措

2015年1月，高松市丸亀町商业街A、B、C三个街区以及G街区（丸亀町GREEN）的再开发告一段落，为了检测这些开发是否奏效，商业街推行了“商业街产出功能结构调查”。从上文中可以得出商业街已经有了以下实践：以地产地销为基础的能够联系饮食发展的餐厅；作为生活方式商店的试点而开设的“Machi no Schule”；提供医疗服务的美术馆北路诊疗所等。接下来商业街还要积极筹备开设新的生鲜市场。这个调查就是为了促进商业街的进一步升级而实施的。

调查过程中我们对消费者进行了分组采访。分组采访是聚集同种属性的消费者人群，使其无所顾忌地阐述意见而实施的一种市场营销的基本方法。此次共分为三个组别：居住在城市郊外的30～60岁的家庭主妇；居住在街市中的20～50岁的家庭主妇；55～60岁的男性。诊疗所已经开始运营，笔者考虑到其接下来的发展问题，对这些采访对象积极地询问了关于健康方面的期待。

关于商业街再开发的成果，每个组都得出了诸如“漫步其中变得更加舒心了”“得到外地游客的好评、变成值得骄傲的街道”的评论，人们对于商业街的印象实实在在地得到改善。“Machi no Schule”和“丸亀町GREEN”作为商业街中高端大气的景观，成为能够吸引更多年轻家庭主妇和高质量顾客群体的集客地。

分组采访的结果如下：第一组“希望能有值得信赖的伙伴，来消除自身对于健康所持有的不安，以及能够创造出街市生活和文化的社区”；第二组“希望大家都能变得健康、推动美好生活的辐射圈不断扩大，而商业街成为女性可以乐享其中的街市”；男性的第三组“希望商业街成为人们远离工作、进行交流的场所，也希望商业街中有一些可以轻松进行健康管理的设施”。社区、归属地、健康，是采访中每个组别都提及的关键词。

综上，我们可以明确得出以下四点结论：①人们共同享有地区中的生活和文化来培育兴趣点，寻求与他人进行交流。②新的生活乐趣潮流在这个圈子中萌生，人群聚集的地方在培育了文化的同时，也丰富了地域和人，健康朝气之源就在于“美好生活”。③支撑街市发展的力量是女性。④商业街的作用就在于接纳这些人群，并化身为持续培育地区中各种美好生活文化与健康的“基地”。能否创建多个基地是其关键所在。

健康相关设施在基地延长线上。人们在街区中需求的并不是“健康促进中心”，而是健康版的“Machi no Schule”，也可以是“沙龙”或男性退休之后的“社交场所”和“交友场所”。在这里并不是要锻炼出紧实的肌肉或是做美容体操来甩掉赘肉，而是有以下意味包含其中：可以轻松地与他人就压力、担忧、烦恼等问题进行对话，管理自身健康并得到放松，场所成为人们相互学习各种事物的平台。这是一种为管理身体健康而开设的“健康学堂”（Health Schule），因此又可将其称为“社交健康沙龙”。

笔者认为，要把这些服务于健康长寿的事业跟生活方式店置于同种高度，才能成为创意街区商业手段中的另一个基柱。

## 健康村

最先把健康长寿商业作为创意街区的一个基柱来运营的，是东京都板桥区大山商业街。大山商业街是一处全长560米、拥有220个店铺的大规模近邻商业街，它是其周边3万人居民区的“脊柱”。但是，商业街中部约1/3的路段陷入了需要把路宽扩至20米的“危机”之中。这条道路是被称作辅助26号线的东京环状线的一部分，商店街前后的路段已经建设完毕。商业街如今已从反对运动中走了出来，近十年来早已在方方面面进入瓶颈期，目前正探索着振兴的机遇。探讨的重要问题之一就是，这样的商业街作为今后地区的中心，要如何对长期以来形成的其他邻近商业街发挥出其应有的作用。

“把保健从医院搬到商业街中去”，类似这样的呼声开始登上舞台。它是由杉江正光提出来的，杉江是位于商业街旁边的东京都健康长寿医疗中心的医生。这个医疗中心的历史可以追溯到1872年（明治五年）养育院的创立。松平定信设立了江户贫民救济资金“七分积金”，并将资金交由涩泽荣一保管，而涩泽从1931年开始直到他91岁去世，一直担任养育院的院长一职。该医疗中心现在也是东京都针对老年人口实施政策而建设的核心设施。

曾经担任商业街组合理事长的大野厚，使杉江医生与商业街之间产生了联系。大野因病得到过心脏内科医生杉江的关照，又在生病之后参加了杉江组织的健康恢复项目，并彻底地恢复了健康。杉江深刻地认识到，只在医院内部开展活动具有局限性，必须要把它搬到街市中去，而这个项目让他跟考虑着商业街未来的大野相遇了。杉江医生在商业街中进行的演讲中热情地表示：①远红外低温桑拿与运动相结合，对于病后身体恢复有着很好的效果，同时也会降低需要专人照顾的病人比例。②尽量延长从现在开始到需要专人照顾为止的这一周期，也就是所谓的健康寿命，这是跟人的幸福度直接挂钩的。③但是，健康的人有健身馆，生病的人有医院，可是为这二者之间的多数人群（即将需要照顾的人群）提供维持身体健康的社会服务却是空白的。④不依赖于公共保险，伴随着提供维护健康管理的设施以及管理手段的实现，有必要在医院内部和外部推广并实现可以维系安定生活的服务。⑤要把培育这种延伸健康寿命的产业纳入国家的政策之中，这也是必需的。⑥希望商业街和医院联合向全国传递出健康的信息。此外，杉江指出，商业街不仅要为老年人口组织开展健康促进项目，还要寻求饮食、娱乐、文化等功能汇聚于此，创建出一个可以幸福度过每一天的空间。杉江还为我们描绘出了这样一幅切合实际的画面：要把人们消费在追求健康的部分转化为积分，积累这些积分可以用于旅游、体验农业生产、老年大学等非日常的消遣。如果这种利用机制得以建立，将是十分理想的。

实际上，如果把杉江医生提出的可以称为医疗健身的项目作为基础，与社区餐厅、图书馆咖啡厅、卡拉OK、温泉等娱乐设施，以及再开发事业中诞生的住宅一起，作为带有附加服务的住宅进行整合，街市就能成为一个被市民所需要的全新的场所。而住宅的建设，是可以通过现在政府推进的日本版 CCRC（Continuing Care Retirement Community）来开展的。

我们把这些功能的集合称为“健康村”，石卷创意街区的再开发也就是下文中涉及实践的准备工作。这部分内容将在第 7 章第 3 点中就石卷的案例来进行分析。

## 4 “生活方式品牌化”的必经之路

### 为什么要实现“生活方式品牌化”

前文讨论创意街区的部分中列举了生活方式品牌化的案例。这里让我们回到原点，再度探讨实现生活方式品牌化的原因。

一直以来，振兴地区发展的蓝图中都采用了这样一种办法，即依据产业城市的模式，在“近代化理论”（外发式发展）构想的指引下，借鉴外部模范来决定发展的道路和方向。但是，这种办法依赖于外界所选取的价值观，内发式的、自律型的持续生命力也就相应地减弱了。依靠地区的个性与特性最大限度地活用地域资源，通过打磨创意来集结地域的整体能量、重新构建自律型的可持续发展的城市建设框架，推动新兴产业自我创造，用这一系列手段来替代外发式发展，就是当下面临的新课题。

然而从经济学的角度来看，内发式产业要能够支撑起地区经济的维系和发展，就必须把地区外部作为产业的市场，并推动自身成为能够吸收外部资金的基础产业（经济基盘说）。那些千篇一律的发挥居民服务功能的零售业和服务业，是不能够直接支撑地区发展的。

比如仅仅对商业街进行外在的再开发，推动在商业街中设立全国性连锁店，不足以从真正取得地区经济和社会的发展。面向外地人口进行商品销售，或者吸引外地人口来商业街中消费，如果这二者都不能实现的话，也就谈不上地区的维系和发展了。根植于生活的产业不能只停留在满足地区内部的需求，而是要像欧洲国家所做的那样，连同生活方式一起来吸引外地的消费者，培育其成为主导地区经济发展的基础产业。现在已经有了一些积极开发当地特色商品和富含地域印象的品牌化探索。我们还要更进一步，从整体上重新评判并再度整合基于地域风土人情培育而成的特有生活方式，把中心街市变成一个展室，培育出牵引地域经济发展的产业。这种事业形态就是“生活方式品牌化”。换句话说，生活方式品牌化，就是内发式产业突破了非基础产业阶段，并向着基础产业发展而做出的探索。

从类别上来看，扎根于地域的生活产业（内发式产业）本来就难以成为促进地域发展的基础产业。然而，正如欧洲各国的案例所示，如果在生活方式的背景下给商品注入附加价值，就可以让其成为优质的出口产业，吸引外地人士前来拜访。笔者再介绍一个简单明了的案例，法国不仅种植葡萄，还把葡萄做成葡萄酒，甚至还把葡萄酒作为生活方式传递到世界范围。以下两点是现在和将来的趋势：①消费者的价值基准不在商品本身，而是把重点放到以消费来构建自己的生活方式之上。②重新去认识当地货真价实的价值。我们要能够捕捉相关动态，在切合实际的国际战略中推动生活产业发展成为基础产业。下文是对这些内容的总结。

**第一，立足于街区向外界发声**。生活方式品牌化在“兼具舒适的公共空间、美丽的街道及适宜居住的住宅”的街市中得到发展，并通过向外界发声来得以实现。商店和健康村等设施成为舒适公共空间和美丽街道的主要构成要素，吸引市民以及本地区人群的聚集并生活于此，逐步成为值得当地人自豪的存在。这就是实现生活方式品牌化过程中不可或缺的，将地域自然和城市街道的印象转化为现实的实践。生活方式品牌化和街市振兴是不可分离的。如此一来，先从郊外的购物中心把本地区的消费者争取回来，再吸引外地消费者，最后吸引更加广域范围的游客到来，推进地区经济的振兴。从表面上看是建设出能够让市民引以为豪的主街道，实际上则是确立了地域活化的基柱以及地域的自主权。

因此，最大限度地通过根植于当地的风土人情来重新规划街道显得尤为重要。历史建筑自不必说，我们还要最大限度地保护并合理利用那些虽然不属于文化财产但是已经深深刻在人们记忆中的建筑。新兴的开发基本上遵循了“小规模渐进式”的开发模式。详细内容将在后文“第5章 设计”和“第6章 方案”中展开论述，但是下述部分也会涉及。从商业的角度来看，在一定区域内容易形成合作共识的小规模项目渐进式地集聚，是提升地域的市场价值的基本战略。

还有重要的一点在于，振兴街市会让城镇变得更加紧凑，也能促进地域恢复生机盎然的农业用地和丰富多彩的自然环境。

**第二，恢复“悉皆屋”的功能**。“在一定区域内，积累容易达成合作共识的小规模项目，开展生活方式品牌化事业，提升地域的市场价值”是创意街区的一个主要战略。其中不可或缺的要素是以城建企业为核心，划分各个区域来进行经营。尤其是在用商业手段来恢复、培育、强化、和宣扬生活方式的过程当中，存在一个必要的管理方式，这就是“悉皆屋机制”。

悉皆屋在辞典中的解释为“江户时代，在大阪接单后把材料送至京都进行服装洗染的从业者”。其实在布料批发商的功能之中，最重要的洗染这一关键环节便由他们执行。洗染业者的工作在狭义上是根据顾客的订单需求来进行服饰的创作，之后便发展成他们向顾客提出方案，成为开发新设计的主导者。

京都大学名誉教授吉田光邦是一位熟悉日本传统工艺的工艺技术史专家，他就地域社会中进行生产制造的执行者的责任担当进行了以下阐述[1]。

一直以来，地域社会中存在着一个生产制造的体系。布料、鞋、包等店铺的手艺人根据需求和订单，向顾客提供了优质的商品。手艺人为顾客提供了令其满意的商品，也得到自我的认可，怀揣自豪与喜悦开展着业务。这些生产制造的体系中有以下功能和作用。

① 产品开发、市场开发。

1. 吉田（1987）。

② 维持技术水准、维持业态。

③ 宣传产品信息、把握市场信息。

“批发业者”维系了这一体系的运转。他们准确把握市场和顾客的信息，承担着经营风险和产品开发费用来进行生产制造。生产者和手工艺者使用批发业者提供的产品专注于生产，不断磨砺和提高生产技艺。如今由于大规模生产体系以及大型制造商生产体系的兴起，批发商的功能中只有被称为悉皆屋的一部分业态（布料）保留了下来。

从商业角度来看，单纯地引进制成品来进行销售的店铺变成主流。但是，要打造出生活方式品牌和生活产业，就需要从生产者和消费者相结合的商业立场出发，恢复那个能够与生产者一同创造魅力商品的“悉皆屋”功能。其实这本来是每个店铺都期待的功能，现阶段中的城建企业需要有意识，率先、有战略地打造出 “Machi no Schule”“健康村”“生鲜自由市场”等创意产业，以及构建起合理利用 ICT 技术的交流平台和能源管理系统等基础设施，来促进下一次的发展。

**第三，振兴以城市为中心的圈域经济。**虽然城市圈中只有一个大的中心，但是如果不能振兴构成城市圈的第二和第三级中心，人口老龄化和人口减少的问题就会导致城市圈瓦解，其所属的地域社会也将不复存在。以高松城市圈为例，第二级中心指的是坂出的中心商业街，第三级中心指的是作为高松市社区之一的栗林的中心部分，或者说庵治和凌川等周边城镇的中心。这些第二级中心和第三级中心，相较城市圈大中心来说衰退得更加严重，我们要把它们作为社区的核心来开展振兴工作。

经济地理学和作为其学术应用的市场理论，对这些中心地区的阶级秩序进行了整理。图 4-6 是根据德国地理学者瓦尔特·克里斯塔勒 (Walter Christaller) 的行政原理以及美国经济地理学者奥古斯特·勒施 (August Losch) 的理论制作的图解。这种阶层秩序因机动车的普及、郊区大型商场的兴起而遭到破坏，该图从社区和环境的角度重新审视了这种秩序的重要性。高松市《多中心渐进式紧缩型绿色城市推进计划》（2008 年）中，把城市内的中心划分成广域交流据点、地域交流据点、生活交流据点的 3 个阶段，并制定了在各阶段中积累必要城市职能的方针。《城市、居民、职业的创生综合战略（2015 年改订版）》则是在地方创生层面制定出了要推进在中心城市和邻近城镇村落中建设“协同中心城市圈”的政策，通过“到街道中来”促进繁荣，旨在形成维系城镇村落生活圈的“小据点”。

图下方的表格中，通过城建企业的职责划分，对各个核心景观的理想状态和必要职能做了一些整理。如今的中心商业街（广域交流据点）过于庞大，致使其中心和边缘部分产生了分离。我们要在边缘部分推进住宅用地的建设，让其成为如同巴黎圣日耳曼郊区（Faubourg St Germain）一样的城市中心门前町，开发出多个具有魅力的小型中心[1]。

---

1. 郊区指的是被城墙包围起来的在中世纪城市的城门前形成的城镇。郊区规模增大到一定程度，包围它的城墙就会随之扩大，城市也会得到相应的发展。

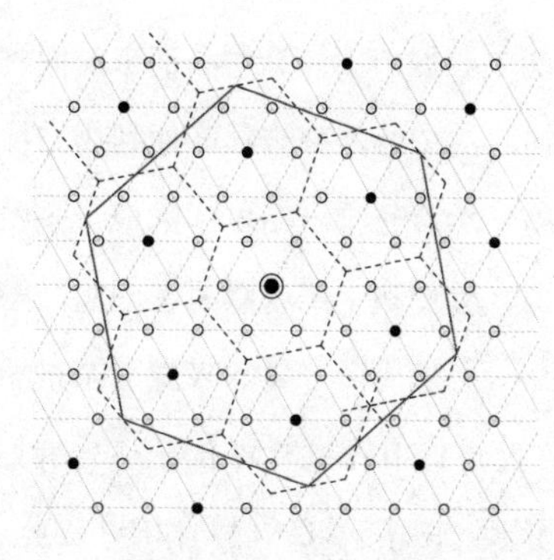

克里斯塔勒：行政原理
勒施：k=7.49

| 各城建企业的职责 | ◉中心：30 万人 | ◉边缘：30 万人 | ●：5 千～1 万人 | ○：1 千人 |
| --- | --- | --- | --- | --- |
| 理想状态 | 中高层街道景观<br>地下楼层～地面 3 层的店铺 + 公寓楼住宅 | 中低层街道景观<br>町屋型店铺 + 集合住宅 | 低层街道景观<br>市场 | 地城街道景观<br>社区餐饮店 |
| 土地利用 | 再开发事业・土地的保有和运用 | 因地制宜式的再开发 | 重新整合优良建筑的再开发 | 合理利用闲置住宅和商铺 |
| 每日都想去的集中区域・绿地 | 特别时尚美观 | 时尚美观 | 日常水准 | 现代版井户端 |
| 住宅供给 | 持续照料退休社区（CCRC）、城市中心住宅 | 町屋型共同住宅 | 町屋型共同住宅 | 田园生活住宅 |
| 生活方式品牌化 | 生活方式店铺旗舰店 | 开展生活方式店铺 | 手工工坊 | 手工工坊 |
| 食品 | 生鲜自由市场 | 农贸市场 | 农贸市场 | 徒步圈市场 |
| 饮食 | 当地自产自销餐饮的高端餐饮店 | 当地自产自销的餐饮店 | 社区咖啡厅和餐饮店 | 社区咖啡厅和餐饮店 |
| 医疗・福祉 | 医疗设施 + 健康长寿和育儿设施 | 健康长寿和育儿设施 | 健康长寿和育儿设施 | 健康长寿和育儿设施 |
| 停车场 | 建设和运营立体式停车场 | 确保停车场用地及其运营 | 确保停车场用地及其运营 | 确保停车场用地及其运营 |
| 例：高松市 * | 广域交流据点（丸龟町等地） | 广域交流据点（田町等地） | 地域・生活交流据点（佛生山、牟礼等地） | 基础单位（邻近地区） |

*《多中心渐进式紧缩型绿色城市推进计划》

图 4–6　中心地区的阶层以及各阶层的必要职能

如上表所示，在圈域的中心城市中打造中心街市的同时，也要振兴其周边城市及城镇村落的中心，整合社区便利店、社区餐饮店以及育儿和护理等设施，然后在整个圈域中形成一个网络。运用 ICT 技术的媒体将设施、用户和生产者联系在一起，搭建一个次时代的本地交流平台，从而形成一个并非来源于东京的贴近生活的信息交流平台，并在此过程中构建地域市场（产品、商品、店铺、服务）。这里，创意街区发挥了地域的门户作用。如此一来，应运而生的市场就能够向外界传递信息。

人口的减少不可避免，要解决收缩（shrink，萎缩）城市街区的课题，就不能只集中于地区的一极，而是运用 ICT 技术有组织地搭建第二和第三次中心和基础城镇村落之间的网络，进行相辅相成的可持续发展的城市建设，只有这样才能够称得上实现了“智能集约化”（Smart・Shrink）。

**第四，地域间相互合作**。促进实施相同项目的地域之间实现合作。高松市丸龟町的建设过程中，受到奈良“胡桃树”和博多“葡萄树”的启发，而石卷的生活方式商店“ASATTE”又毫无保留地注入了高松丸龟町“Machi no Schule”的成功经验。

推动“国家→县→市镇村→社区”的树形结构向地方社区协同合作的半网格形结构进行转变（图 4-7）。树形结构中各店铺经营者在已有的批发商功能中分散开来，容易在大型资本的冲击下遭到瓦解。而在半网格形结构中，各地域的同行进行着协作与互补，在交换各区域经验的同时，也开展了基于地域产物与文化的事业，开发了大型资本无法入手的新业态，并以此来与之抗衡。注重地域的事业并不具有排他性，而是形成地域间的合作，而且各地域中的创业者承担了生活方式品牌化的建设，激活了为地区提供约70%工作岗位的中小企业。

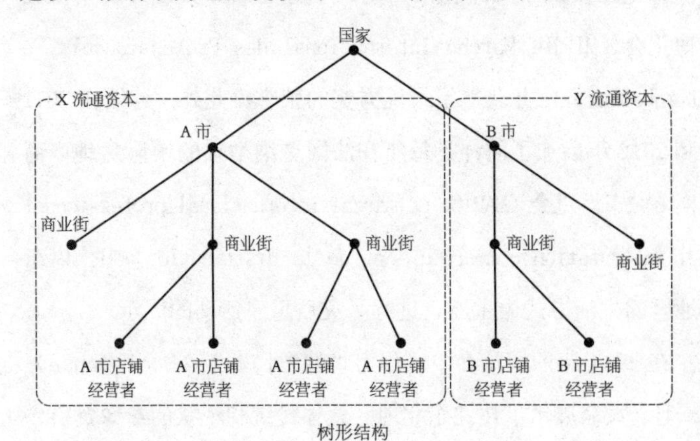


树形结构

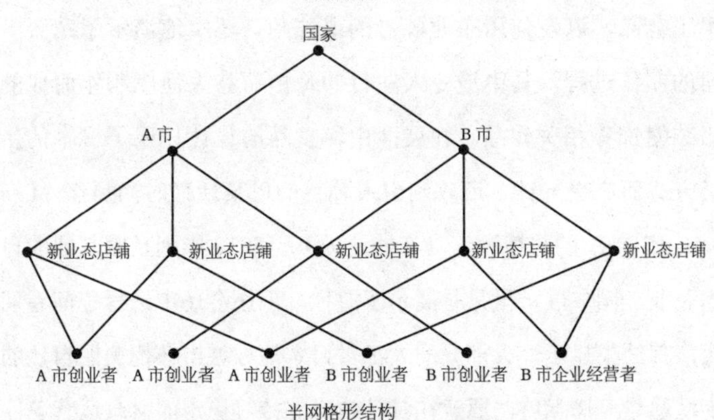


半网格形结构

图 4–7　树形结构和半网格形结构

出处：依据 Christopher Alexander《A City is Not A Tree》（1965）的启发制作而成

**第五，实施国际化战略**。应结合宣扬生活方式品牌化的创意街区，即刻面向世界开展宣传活动。

首先要通过参加国际模范城市展，迈出向世界介绍自己的第一步。作为尝试，本书中前面提及的高松市丸龟町和长滨市，以及山口市（山口县）和沼津市（静冈县）重振中心街市的修复型计划，参加了每年在法国戛纳举办的国际城市开发模范城市博览会（MIPIM：Marché International des Professionnels de l'Immobilier），并获得了最优秀奖的荣誉。此外，连续在2011年和2012年参加了同样是每年在法国戛纳举办的国际房地产商业模范城市博览会（MAPIC：Le marché international professionnel de l'implantation commerciale et de la distribution）中，以东北地区的生活方式为主题，进行了灾后重建活动的展示[1]。

在2011年的博览会中，作为“魅力日本”（Cool Japan）的一环，大家展示了传递东北地区整体传统和现状的影像资料、手工艺品，以及使用东北砚台的书法角，还实地演示了蔬菜寿司的制作过程，其中最令人注目的是由石卷大渔旗制作而成的服装帽饰等相关作品。在展区中，食品的设计体现了日本的生活方式而广受好评，还收到引人瞩目的巴黎新兴时尚热点“Les Docks”餐厅的热情邀请（未能达成）。2012年则是跟其他的日本企业一同参展，虽只是展示了海报，但在会场中进行了问卷调查，其结果显示，大部分的人都对日本地方城市怀抱美丽自然的街区愿景充满期待，愿意在具备政府支持等稳定的财政运营条件下进行投资。这一系列的试探，让我们提升了宣传生活方式的信心，同时也让我们深刻地意识到恢复美丽街道和环境的重要性。

1. MAPIC 2011（法国・戛纳）出展报告书。http://creative-town.com/archives-links/archives/ 通过此官方网站可查阅本文中记载的模范城市等展出的影像资料。

# 第5章 设计

## 1 两种城市镜像

### 街道型城市和塔形城市

在创意街区之中，无论是对于居民还是对于到访者，美观宜居（加上一些刺激要素）的城镇都是不可或缺的舞台。这究竟是一种怎样的街区，又该如何去实现。上文介绍的两个城市的案例中，并没有为了实现创意街区而采用一些特别的设计。但是对另一个目标“生活方式品牌化”而言，我们能够发现设计的方针是根据解读和继承各个城市的历史构造来设定的。而实际上，现代建筑否定了历史中的城市构造和建筑，日本的许多城市也变得不再美丽宜居了。为了逆转这种趋势，创意街区诞生了。

首先，希望大家看一看图5-1。这是1999年英国政府报告书《引导城市复兴》中刊登的图例。这份报告书是在托尼·布莱尔（Tony Blair）政权时代，由建筑家理查德·罗杰斯（Richard Rodgers）担任委员长的英国城市工作组（Urban Task Force）为探索出新型城市政策的方向总结而成的。在100平方米的用地上以相同的密度（每公顷75户）为标准，对比高层·低建筑面积利用率与中层·中面积建筑利用率的差异。

前者是设置在开放型空间中的塔形建筑，后者是建设在街道沿线并配置庭院的建筑类型。总之，这里将前者称为塔形，把后者称为街道型。

报告中表示“街道应该被具备零售等商业功能的地面楼层集合体的中层建筑所包围”。这种街道型的街区也正好跟创意街区相契合。虽然历史城市建筑属于这种类型，但是现代建筑对这些由来已久的建筑方式提出了批判，旨在创建塔形城市。当然，如今最热闹的商业街还是属于这种街道型，东京银座就是它的代表。银座的店铺经营者们达成这样的共识：基于共同的规则守护着街道。不过随着松坂屋重建，塔形建筑拔地而起，从而打破了这种规矩并且引发了巨大争论。这次事件直到现在还让我记忆犹新。

一般情况下，街道型景观的变化都源自公寓的兴起。中心街市地价高涨，为了减轻各户人家所负担的土地利用资金，建筑规划实行了最大限度增加住户数量的方针。中心街市的建筑用地一般都很窄，于是就有了沿过道一侧延至深处的建筑方案。属于自己的建筑用地和道路大概率无法保证日照和通风，所以只好依靠相邻的建筑。也有的是在街区中偶然发现了一片还没有被开发利用的土地，随后便盖起了高层公寓。而这种公寓就是塔形建筑。但这是因周边有了空地才被建设而成的，并不是像图中那种在确保周边是开放式空间的基础上建设的塔形建筑，它甚至是一种期待周边地区以外的区域也是开放式空间的伪塔形建筑。如果这样的公寓继续增多，就会出现楼与楼之间争夺日照的闹剧。

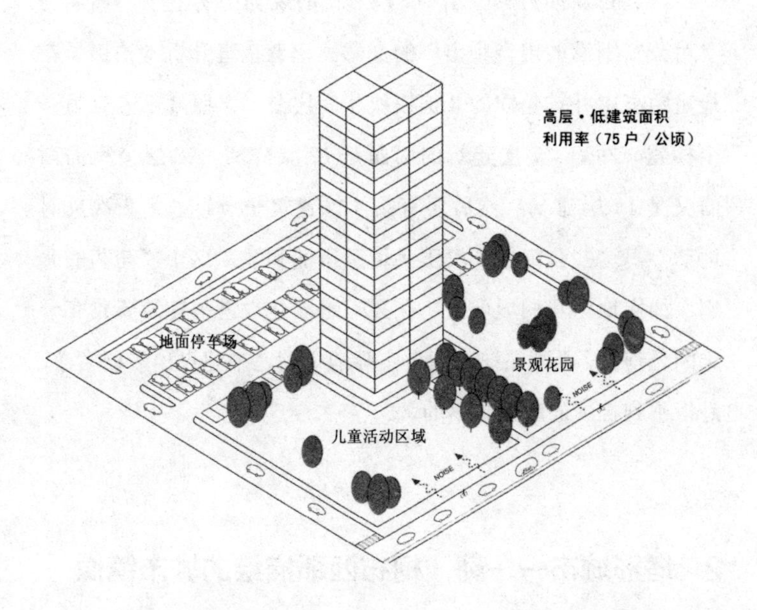


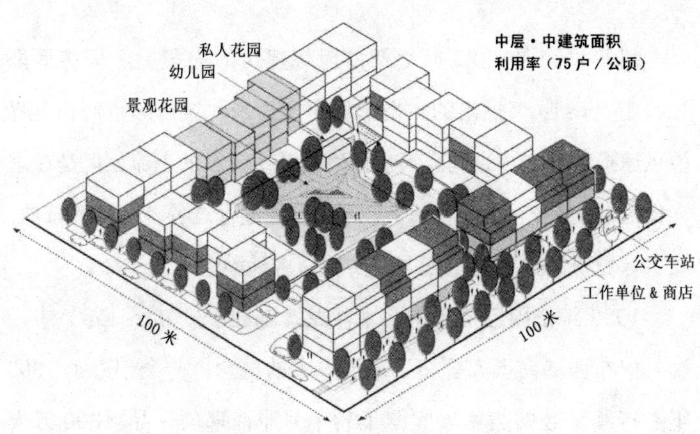


图 5-1 塔形向街道型的转变

上部和下部的密度与住户数一致（75 户 / 公顷）。

出处：英国城市工作组（1999）

《朝日新闻》2003年4月29日的晚刊中刊登了一篇名为“对公寓不满的声音频出”的文章。记者在直升机上拍摄了在最短距离中并排竖立的3栋板块状高层公寓。照片下方有另一个标题，写着“7层建筑的南面是12层公寓，12层公寓的南面又是14层建筑，然后还有第4栋建筑……”“第3次反对运动”。这些公寓位于埼玉县埼玉市浦和区，这个“浦和的悲剧”如实地为我们展现出，在某一地段建设塔形建筑要具有一定的合理性，否则在缺乏切合实际的规划之中建设出多栋大楼，是得不到合理的解决方案的。

## 2 塔形城市——勒·柯布西耶描绘的城市镜像

塔形城市是在20世纪初由现代建筑的先驱勒·柯布西耶(Le Corbusier)提出的。塔形城市作为现代城市的范例在世界中迅速扩散开来，直到今天也依然是城市开发的主流。但是在理念提出的初期，曾有不少批判的评论，也进行过各种各样的试探。《引导城市复兴》的报告书其实就是这种潮流中的一环。

1922年法国巴黎秋季艺术沙龙（Salon d'automne）中，勒·柯布西耶向世人公布了塔形城市的概念。一个创办于1903年并持续至今的美术展收藏了勒·柯布西耶的作品《300万人口的现代城市》（图5-2）。城市的中心由24栋平面呈十字状的摩天楼组成，在它们的周围设置了一个长600米、宽400米的超级街区，用来建设板状集合住宅。这片超级街区中没有为

图 5-2 勒·柯布西耶《300 万人的现代城市》透视图

机动车设置的区域，建筑覆盖率达到 15%，因此 85% 的区域为开放式空间。人口密度将大幅超过当时巴黎 145 人 / 公顷的水准，达到 300 人/公顷。勒·柯布西耶描绘出的简洁明快的城市透视图，一直作为建筑学专业学生的设计范本流传到今天。

1925 年举办的巴黎世界博览会暨现代产业装饰国际博览会中，勒·柯布西耶在他亲自设计的“新精神馆”（L'ESPRIT NOUVEAU）中展示了巴黎瓦赞计划（图 5-3）。若要跟街道型城市进行对比的话，参考这个计划就能够一目了然。这是一个适用于巴黎的“300 万人口现代城市”的计划，它准备把西缇岛以北广阔的巴黎市中心推平，并建立摩天大楼，与挤满了庭院式住宅的旧巴黎形成对比。旧巴黎样貌的照片，是在瓦赞公司制造的飞机上进行拍摄的，计划的名称就来源于此。勒·柯布西耶称他的计划可以“用时代精神将巴黎提升至另一台阶”，此外他还提出了“从水平过密城市向垂直田园城市过渡”的口号。

此后，《现代城市》《光辉城市》等著作以及近代建筑国际会议 CIAM 签订的《雅典宪章》扩充了这个构想，它们描绘出了被称为公共空间中的塔楼（Towers in Space）的新型城

图 5-3　勒・柯布西耶《巴黎瓦赞计划》

市镜像，继而推广向全世界。随后在世界范围内，建筑家们相继提出了高层化和开放式空间相结合的城市开发方案。其中，宣扬“更新换代”的日本建筑师也提出了大胆的方案[1]。这些提案在全球范围内被积极地利用到公共住宅地的实际开发之中。日本住宅公共团体实施的、平行分配的南向板状住宅楼的团地建设项目也是这些提案的衍生物。此后日本的公寓建设并没有配置充分的开放式空间，不过我们还是可以看出它们属于塔形城市体系中的一部分。

为了维护勒・柯布西耶的名誉，在这里必须要做一些补充说明，他的理念是塔型建筑和开放式空间的合理搭配，并不只

1. 日本建筑师的提案总览可参照 2011 年森美术馆编订的《新陈代谢的未来城市展》的目录。森美术馆（2011）。

是提倡建设塔形建筑。塔形建筑基本上是要跟周边建筑隔开一些距离（孤立），才能得以成立的建筑形式。类似于日本的高层公寓，这种寄希望于临近建筑周围还能留有一些空地（争夺周围的环境）的塔形建筑，不可能是勒·柯布西耶愿意看到的景象。

很久之前就有了一些针对塔形城市的批判。在美国开展田园城市运动，出版《城市发展史：起源、演变与前景》（*The City in History: Its Origins, Its Transformations, and Its Prospects*）等著作而被人熟知的刘易斯·芒福德（Lewis Mumford）提出了以下批判。

> 勒·柯布西耶没有考虑到城市的本质，对于日益扩大的团体、社会、俱乐部、组织、设施的合理配置问题，他甚至没有比非法不动产经办人以及和市政府技术工作者们付出过更多的关心。也就是说，尽管他吸收了现代城市的各种特征，却把应该作为本质的社会性和居民性的特性给抛弃了……他设定的摩天大楼的高度过高，除非攻克技术难关，否则无法实现。楼层间的开放式空间也是一样，如果按照他设定的尺寸，人们是不会想要在工作日漫步于办公街区之中的——这根本就没有存在的理由。勒·柯布西耶只不过是把摩天楼城市在实际利益和经济层面上的考量，跟他所谓的有机环境的浪漫幻想进行了交合，诞生出了一个缺乏魅力的怪胎[1]。

1. 芒福德（1962）。

包括大本营英国在内，田园城市运动是通过由市民共同出资设立非营利性开发公司（城建企业）来建设理想社区的运动。它的主题是自主的市民间协同合作。芒福德从这一角度出发来提出批判，也是理所当然的。

## 雅各布斯四原则

在日本同样具有很高知名度的简·雅各布斯（Jane Jacobs）从真正意义上对勒·柯布西耶所描绘的城市镜像[1]进行了批判。她的著作《美国大城市的死与生》自1961年出版以来一直流传至今，在书中她对勒·柯布西耶所描绘的城市镜像进行了彻底的批判，并提出了实现城市多样性的四个条件。这四个条件对于创意街区的实施具有重要意义，罗列如下。

> 第一，地区以及其实际管辖范围内需要尽可能多的职能，即在基础职能之外拥有一种或两种以上的职能。只有这样才能保持居民可以在不同时间以不同的理由外出，并共同使用多种设施的状态。
>
> 第二，城镇中住房的建筑区域必须缩小，也就是要增加居民与街道和街角频繁接触的机会。
>
> 第三，各地区必须融合年代和条件各异的各类建筑，包括在经济生产性上存在巨大差异的老旧建筑，而且这种融合一定要具有相当的精细度。

---

1. 宇泽弘文深入介绍了雅各布斯的城市理论，例如宇泽（2003）。

> 第四，无论人们出于何种目的来到街区，都必须保证一定的人口密度。这个概念涵盖了常住居民的人口密度。

这些内容全部都与勒·柯布西耶以及受其思想影响而制定的城市规划原则截然相反。第一点是针对勒·柯布西耶提出的明确划分业务、商业、住宅、工业等用途，以及此后城市规划中沿用的以单一用途进行区域划分的基本手段的批判。第二点是对超级街区的批判。勒·柯布西耶提出的依靠扩大街区面积来充分构建机动车无法进入的开放式空间的思想，会使人与人之间失去会面的机会。确实如此，很难想象在超级街区的街道上看到步行的身影。第三点是针对瓦赞计划那样将历史建筑一扫而空的再开发的批判。第四点则阐述了要创建具有一定人口密度的场所的必要性。勒·柯布西耶主张用瓦赞计划来提升巴黎的人口密度，但那也只是300人/公顷的程度。为了防止因人口过密引起疾病蔓延，出于公共卫生的考虑，近代城市规划一直以来都把人口密度维持在较低的水准。这样的城市规划认为，即便是自来水和下水道得到普及，住宅由此获得一定水平的保障，也仍然存在风险，因此低人口密度更好，然而简·雅各布斯从城市的繁荣程度与宜居的观点出发，提出了不同的观点。

在简·雅各布斯著作出版的前一年，纽约市对区域划分条例进行了大幅修改，增设了在楼房周围设立广场和提升容积率的制度。这个条例沿用了勒·柯布西耶的塔形城市的思想，与简·雅各布斯的思考大相径庭。然而，此后的发展怎么样的呢？

各个楼房分别设置广场、切断了街道，还因为在日照条件恶劣的地方建设广场而遭到批判，从20世纪60年代后期到现在，已经出现了多次政策变更。比如，在南北向的大道与东西向街道的交汇处一带设立传统的三层露台房屋，区域规划朝重视这些建筑的方向发生了转变[1]。这个案例证明了简•雅各布斯思想的正确性。

“公共空间中的塔楼”的另一个产物是高层住宅团地。特别是在美国和英国，以公营住宅的形式对其进行了大力开发，不过它的结局却是悲惨的。开放式空间和塔形建筑相结合的情况也是一样，即使能拥有美丽的绿化资源，楼底的气氛也会给人传递出一种“与他人交流存在危险”一般的紧张感，社区遭受到彻底的破坏。

后来，美国和英国开发的高层建筑团地因成为肆意破坏（vandalism）的对象而被荒废，并且从20世纪80年代开始相继拆除，实施改建为中低层住宅的计划。

## 查尔斯王子的十项原则

接下来介绍另一位正确指出塔形城市问题点的人物——英国的查尔斯王子。查尔斯王子在BBC播放的节目中对近代建筑提出了批判，并在后来将这些内容总结成一本名为《英国的愿景》（*A Vision of Britain*）的著作。此书被翻译为包括日语在内的多种语言。书的中间部分，提出了建筑需要遵循的 “十项原则”。

---

1. 福川（1997）。

（1）场地（The Place）

（2）层次结构（Hierarchy）

（3）规模（Scale）

（4）和谐（Harmony）

（5）包围（Enclosure）

（6）材料（Materials）

（7）装饰（Decoration）

（8）艺术（Art）

（9）标识和指示灯（Sign & Light）

（10）社区（Community）

其中最重要的内容就是“包围（Enclosure）”。关于包围，查尔斯王子提供了城市中的广场和牛津大学庭院的照片，作出了以下阐述。

> 建筑最大的喜悦之一就是被精心设计的环境所包围时所获得的感受。……相对于独立建成后用来销售的楼房而言，社区的精神更容易在精心设计过的广场和庭院中形成。

该著作于1989年出版发行，时至今日，查尔斯王子还依旧对那些不遵循上述原则的建筑师们提出着抗议。

## 为什么塔形城市如此根深蒂固？

经历了上述历程，如今的日本依然有许许多多的“公共空间中的塔楼”。其中有着什么样的原因呢？自不待言，最大的因素还是源自于经济。经济效益随着土地单位面积中建筑面积的增多而提升，自20世纪80年代中期开始实行中曾根“民活”政策以来，缓解容积率基本上成为规制缓和的中心。单纯为了提升容积率是不需要塔形建筑的，根据勒·柯布西耶描绘的城市镜像，塔楼下方的空地可以生成广阔的城市公共空间，所以在世界范围内兴起了只需开发广场就可以提升容积率的“广场红利”制度。同样地，日本也不例外。但是，提升大城市中心业务地区的住宅容积率也是有限度的。这里关于容积率放到后面再讨论，也是具有实际效果的议题。

首先需要确认的是，注重日照和通风的住宅想要在其自身的用地上确保这些条件，就会有容积率200%的限度。然而，希望在同样的土地面积中尽可能地建造更大建筑物的人，自然就会认为容积率越大越好。例如，国会之中就有如下议论。

> ……所以，既然亀井大臣都已经下定决心走到这一步，而我又想要在将来把容积率提升至2000%左右，如果是大臣的话一定可以办到。这样一来，就会从海外传来一些“把钱投资到日本去”“那里的事业非常有趣”的声音，吸引投资者的目光。不如就让我们集中力量一气呵成地把这件事做成吧……

这个例子已经有些时日，它是1997年5月16日众议院建设委员会上，自称“我就是松本清”的松本和那议员对亀井静香建设大臣提出的问题。当时的日本挣扎在不景气的经济状况之中，为了促进建设开发，出现了一些试图修改法律的动向，比如要将住宅容积率最多增加至基本容积率的 1.5 倍，放缓建筑斜线限制，新设一个排除日照阴影限制的“高层住居诱导地区”。这段话就是法律修正审议案时提出的质疑。亀井大臣也只能回答说：“我本人是脚踏实地并且做事极其慎重的，关于刚才委员的发言，我无法立即给予回应……”这个例子很好地展示了“容积率 = 开发利益”这样一种普遍的理解。

容积率 200% 的街区是什么样子的呢？图 5-4 展示的是东京都板桥区的高岛平团地。虽然它是“公共空间中塔楼”的产物，但是这片团地的容积率不满 200%，只有 171%。南向建筑并列的情况下，邻栋建筑之间的距离若与建筑物的高度相同，那么一楼的房间在冬至的那一天可以获得两个小时的日照。最先实施的高层住居诱导地区中，如果把容积率指定为 400%，受斜线限制和日照阴影限制的影响，容积率最多只能达到 200%，但是在宣传中则会把容积率描述成可以达到 600%。接下来，让

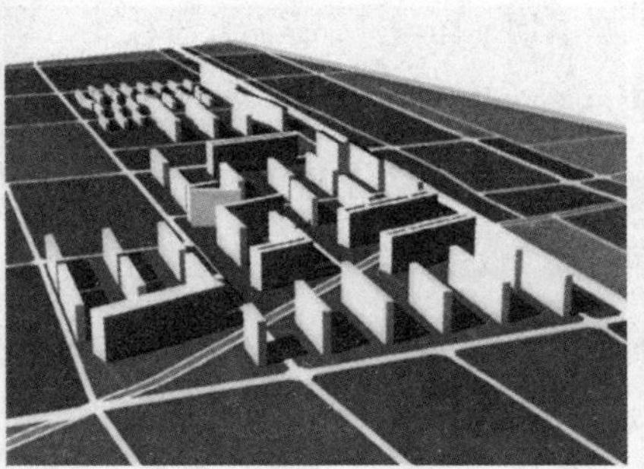

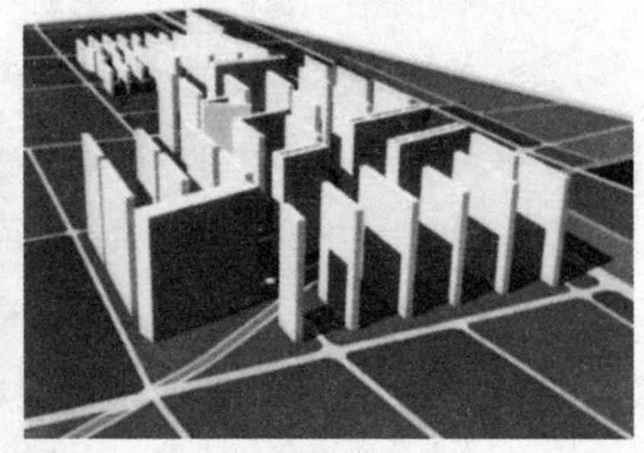

图 5-4　容积率 171% 的高岛平团地（左）以及该团地容积率升至 400% 后的状态（右）

我们把高岛平的住宅全部拔高一倍，让它的容积率接近 400%，看看会发生什么。结果显示这些建筑完全变成多米诺骨牌，如果勒·柯布西耶能够看到的话可能也会被惊讶到吧。

如果讨论继续，难免会有人提出“纽约的一些地方就有容积率超过 1000% 的住宅区”。但是，笔者希望他们认真地看一看纽约的区域划分图。“容积率超过 1000% 的住宅区”是十分罕见的例外，上文中提到过街道沿线的露台房屋的容积率不足 150%。也有一些人说“要看看巴黎是怎么样的”。巴黎的街区中大抵上都是 7 到 8 层的楼房整齐排列，道路宽敞、绿化丰富。比起低层木造建筑密集的东京，巴黎更加主张要有效地使用土地。巴黎公寓的容积率为 300% 至 400%。但是由于一层和二层是商铺，三层以上才是住宅，所以只计算住宅的话容积率应该是在 200% 左右（图 5-5）。

希望这些提出参考巴黎的人，能在关心建筑高度和容积率的同时，注意到巴黎的公寓并不是塔楼而是街道型建筑，而且还需要了解这种街道型景观是在怎样的条件下成立的。巴黎的公寓是被勒·柯布西耶唾弃的庭院式公寓，这些公寓满满当当地被建造在街道旁边，与邻居共享着同一面墙壁。庭院具备改善日照和通风的功效，比起跟邻户人家调整建筑位置，他们更愿意确保拥有一个较大的庭院。建筑的高度取决于道路的宽幅，六层以上的楼层大都要设计成回退式（以建筑用地界线和道路边界线等为基准，使楼房往里回退的建筑方式）的阁楼。简而言之，日本的塔形公寓寄希望于周边建筑留有一些空地，只会造成互相争夺周围环境的局面，是无法变成巴黎这种街道景观的。

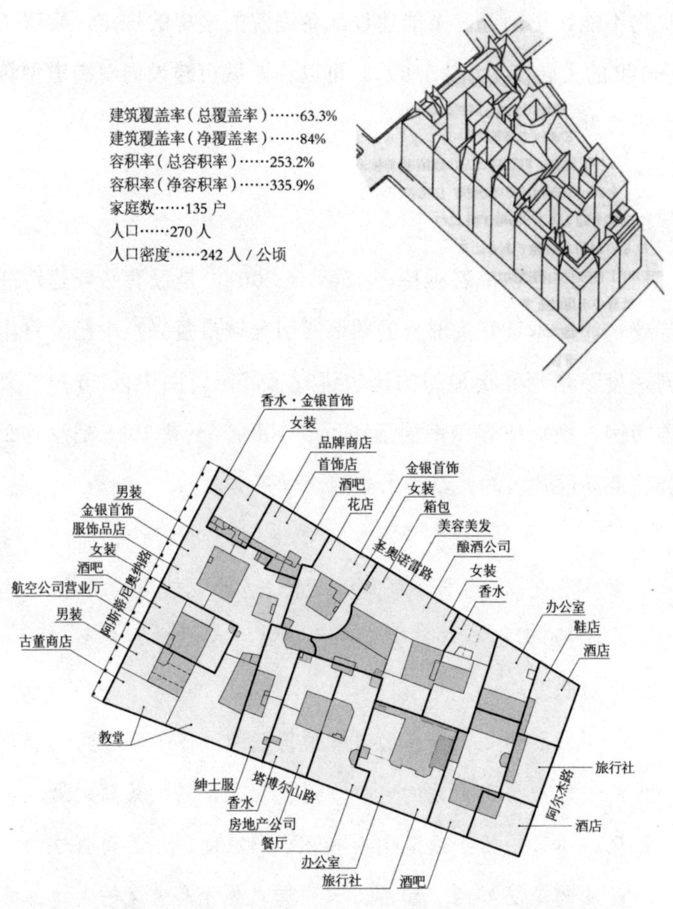


图 5-5　巴黎的典型街区（塔博尔山路地区）的容积率等状况和店铺分布（阴影部分表示的主要是庭院）

出处：东京都（1991）（原图：D・WORK）

巴黎也跟日本有着同样的建筑限制，提倡建筑往后方回退一部分，或者是把楼房建设在建筑用地的中央位置。但是，结果造成这些举措中诞生的空间毫无意义。因此，2000 年制定的有关城市连带发展和改造振兴的法律（SRU 法），规定了建筑物不能往里回退、不能建设配备庭院的楼房的规定，实现了180度的大转变[1]（图5-6）。可以说，城市建设向着街道型转变成为世界的潮流。

## 高密度≠高层

住宅的容积率若维持在150%至200%，是没有必要建造高层建筑的。本章开头部分的图例《引导城市复兴》中已经对相同密度下塔形和街道型的比较进行了展示。图中以75户/公顷为例，换算成容积率的话还不到100%，不满200%是没有必要建造高层建筑的。希望大家阅读以下文章。

> 首先，我想向大家介绍一个令人难以置信的幻想。在1990年的今天，它几乎成为每一个日本人都坚信的幻想。
>
> 众所周知，如今的日本地价猛涨，不得不在狭窄的土地上挤满无数的人口。据说在人口密度最高的地区，一公顷的土地范围内有200户家庭居住，而且这被认为是必要的。然后，为了满足如此高密度的人口居住，就不可避免地要建造高层建筑。所以，我认为古往今来的那种下町的居住环境已经不可能再实现了。
>
> 但是，这从根本上就是错误的。它只不过是在我们每个人之间蔓延开来的一种幻想。

1. 河原田、福川（2006）。

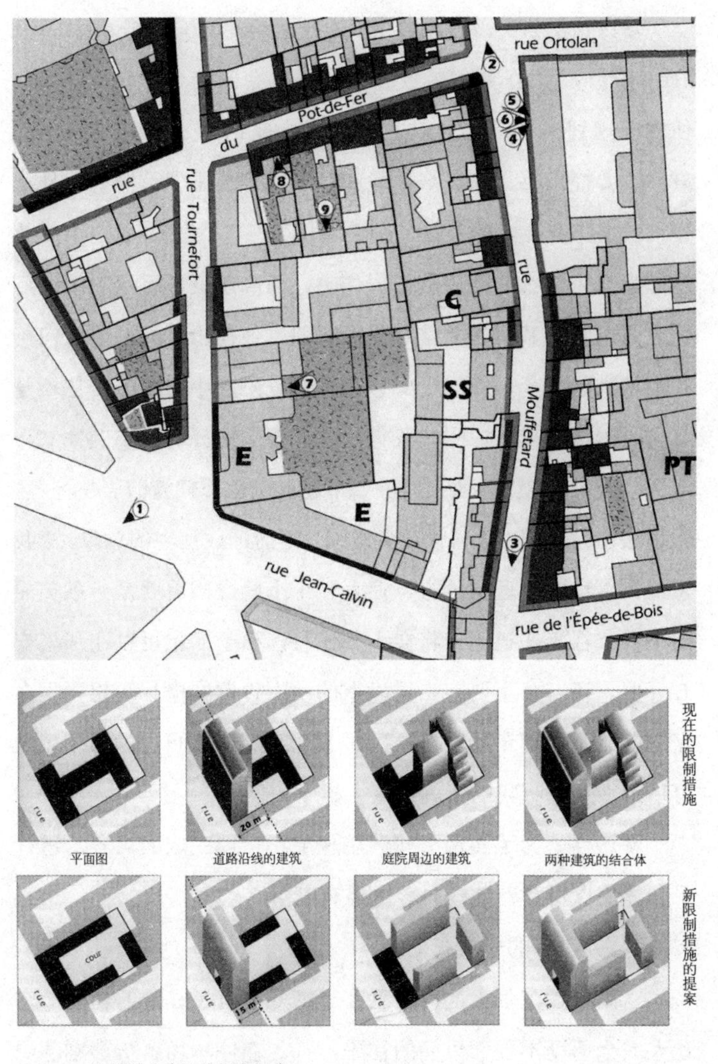


图 5-6　巴黎新兴建筑的规章制度

下面组图展示了楼房建筑规则从向建筑用地中部到促进庭院开发的转变。上图展示了因建筑物从道路两侧回退向内而形成难以积极利用的空间。

出处：APUR：Paris Project，no.32-33，1998

这段话出自美国建筑师克里斯托弗·亚历山大（Christopher Alexander）[1]。在名古屋世界设计博览会旧址（白鸟地区）的住宅区规划案中，他否定了高岛平式的14层公共团地住宅的方案，并提出要让家庭户数量和停车场等要素保持同等条件，建设低层集合住宅的计划（图5-7）。

那么为什么非要建造低层住宅，而高层就不可取呢？亚历山大的出发点其实是非常容易理解的。他提出"如果要面向一条小路来建房子，人们更愿意在带有庭院的小房子里居住还是在高层的住宅里居住呢？我觉得大家都会选择一座小的独立住宅"，以及必须把"为他人提供一个连自身也想体验的居住环境"的想法作为基础，来与设计者沟通，继而形成住宅的意象。"我想住在离地面不远的地方，拥有一个小院，门前就是一条美丽的小巷。行走在道路中将会十分惬意，孩子们也可以在那里安心玩耍。还有，不要在二层以上的地方设置屋檐。我想要坐在家中就能享受到充足的阳光"，"我想亲自布置自己的房子……可以跟别人介绍我的家就是这个样子的"。

就这样，为了实现一些高层住宅不可能完成的内容，进行了具体的探讨。而这些内容主要有以下三点。

（1）楼下的开放式空间

"高层住宅最大的问题就在于彻底瓦解了社区的功能。它让人完全感受不到邻里间的往来，行走在停车场就仿佛刚从监

---

1. 引用部分是演讲会的记录。亚历山大（2004）的第十章对其进行了整理，同一章节还附加有以下副标题："为每英亩40到80个家庭的范围内的高密度住宅创造'所有物'而提供建议的进程。"

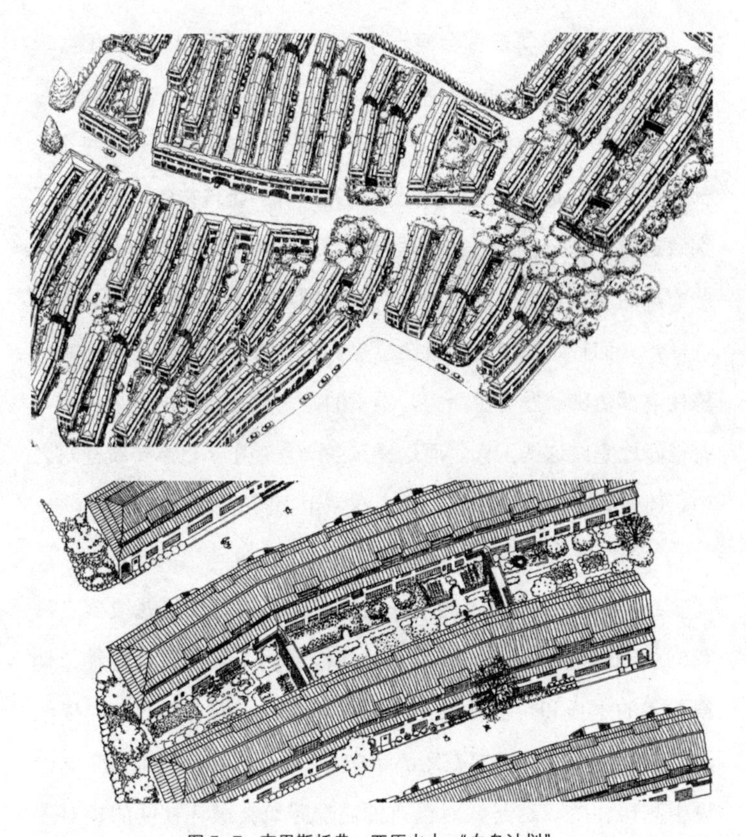

图 5-7　克里斯托弗·亚历山大 “白鸟计划”

出处：Alexander（2005）

狱释放出来的犯人一样。高层住宅的楼下传递出的是一种割裂感。而在我们提倡的保有小巷的空间之中，人们可以极其自然地相互问好。”

（2）每家每户都可以安装属于自己的楼梯

“不知大家是否这样想过，我是希望自己的房子有一个专属的大门。所以居住在楼上的人也会想有一个专属于自己的楼梯。”

由此，每家每户都会有一个虽然小但却属于自己的庭院。

（3）我的家、我的小巷

“关于通道的规划，我们刻意设计了一些小弯道……每个人都能意识到这是属于他们自己的地方。……建筑物的两侧设置了别致的窗户……各户人家根据自身需求适当地进行装潢，所以这些窗户的形状各有不同。因此，就如同观察植物形态的有机秩序一样，人们行走在道路中就会感受到一种特别的差异。……每一栋住宅都仿佛散发着生命力。不幸的是，现在建造的高层住宅没有很好地完成这些工作，而这些东西一直存在于日本传统建筑之中。建筑其实跟人一样，是不存在完全相同的方案的。”

这一部分虽然引用的内容比较多，但在阅读这些段落之后我们就能够理解，高层是不能替代低层的，高层塔形建筑会使得住宅的本质和可能性发生变质。围绕城市的住宅政策，以经济学者为核心，提倡要在距离市中心 30 分钟路程范围内全面建设中高层住宅。这是针对已有的高层建筑会破坏社区的反对意见而提出的主张，他们认为“要实行住房补助政策，确保中高层住宅中老年人和低收入者入住，对社区进行维护和发展”[1]。如今，这种主张依然根深蒂固，究其原因：第一，人口高密度化的情形下建筑高层化已不可避免；第二，建造中高层建筑会使居住环境发生变质缺乏实际力证。可以说，它跟勒·柯布西耶提出的“公共空间中的塔楼”一样，陷入了单纯的合理主义泥潭。

---

1. 岩田、小林、福井（1992）。

空间约束着人与人之间的交流和社会关系。在住宅层面指的就是家庭成员间的关系，在街区层面就是各家庭之间以及居民和来访者之间的关系。在此，空间设计就会发挥决定性的作用。从中心城市的中心街市来看，重振街市的最大目标就是要将街市打造成市民居住、交流、工作和休息的平台。但是，今天的日本喊出了下面这些令人深信不疑的口号，它们不但会使目标遭到破坏，还会失去创造平台的机会。

·日本国土面积过小，建造高层建筑势在必行！

·道路越宽越好！

·开放式空间越大越好！

·只有建造高层建筑才能保证开放式空间！

·一旦通过决议就应该制定蓝图（实施规划）！不遵循计划就不会有像样的街道！

·大型建筑是有利的！

·只有统一的设计才能很好地进行城市建设！

·要把水平过密城市变为垂直田园城市（勒·柯布西耶的“公共空间中的塔楼”）！

·中城（Midtown）要比丰富的自然环境更舒适！

那么，创意街区追求的设计是什么样的呢？其建筑方法不同于高层型开放式空间，而是要创造城市功能集合体，由此重新构建城市空间[1]。通过这条线索探寻存在于历史中的街道型城市是合乎道理的。

---

1. 大谷（2012）。

## 3 探寻历史城市中构成街道型的条件

### 斯特拉斯堡

不知各位的脑海之中会浮现出哪些美丽宜居的地方，笔者想到的是法国的斯特拉斯堡。一提到什么就自然而然地联系到欧美，确实可能会招致批判的声音，但笔者的本意在于，希望能揭示出古今东西共通的美丽且宜居的城市街区中存在的共性，进而结合日本的城市来加以说明。这里有一个例子，就是河埠头。日本佐原的“出”跟河埠头十分相似，虽然相对来说规模会小一些，但是这种临河台阶除了具备装卸货物的功能之外，还能为人们提供一个跟水面亲密接触的舒适空间，这一点在全世界范围内都是共通的。

斯特拉斯堡位于法德边境之上。早些年代的语文教材中有一篇名叫《最后一课》的课文，那个故事发生在阿尔萨斯，而斯特拉斯堡就是它的中心。《最后一课》讲述了这样一个故事，普法战争中法国战败，普鲁士占领了阿尔萨斯，国语课教师在教室里为学生们讲授了最后一堂法语课。历史上的斯特拉斯堡位于交通要道，而如今欧洲议会在此设立，斯特拉斯堡作为欧洲的首都闻名世界。斯特拉斯堡用英语来说其实是“Street Town”，也就是街道中的城市，用它来同以商业街为核心的日本中心街市来做比较，是再合适不过的了。

这里原本是罗马帝国在其巨大版图中零星建造的一个浪漫小镇。这些小镇有一个共同的特点，便是被长方形的城墙所包围，东西向和南北向的道路纵横交错。斯特拉斯堡被称为“街

图 5-8　河埠头（上为斯特拉斯堡，下为佐原）

佐原将河埠头称为“出”（DASHI，日语读音）。

道的城市”，其缘由在于，有一条方便渡河的街道紧挨着浪漫小镇的外围。小镇在中世纪时期曾是一个市场，后成为城市中心并不断发展壮大。即使在今天，这条道路也是一个吸引游客聚集的中心，下面就让我们来稍作分析。

首先，这些街道最初绝不是像如今看到的那种用石头堆砌而成的可以通车的平行道路。街道四处分布着一些凹陷进去的角落，人们喜欢聚集在那些角落之中。后来，建筑的外墙被改造成拱廊，这些地方同样吸引了人群。街道的宽幅并不固定而且有一些凹凸感，所以能看到建筑的正面绵延不绝。这里产生出一种包围感，稍事歇息就能感到极度安心。然而，宽阔的地方容易形成一片空白的区域，所以在其中部建造了旋转木马和古腾堡的铜像，使之成为人们停留的场所。其次，这些地方曾经建有以市议会厅为代表的大型建筑（如今已不存在），它们是广阔空间通过恰到好处的大小划分而产生的结果。

下面，就让我们来总结一下斯特拉斯堡的街道能够美丽宜居的原因。

第一，斯特拉斯堡有不同时代、不同建造者建筑而成的风格多样的建筑。

第二，这些建筑虽然风格多样，但相互连接后将街道围绕其中，在形式上构成一个积极的外部空间。如果在某个区域中设置一栋建筑，那么建筑物以外的空间就成为外部空间；如果这里能够让人们舒心生活并成为汇集人群的场所，那么它就是一个“积极的外部空间”；而如果这里仅仅是建筑物间的阴暗间隙或空地，那么它就是“消极的外部空间”。这也是查尔斯王

图 5-9 斯特拉斯堡街道美丽宜人的原因

图片来自卡尔 · 格鲁伯（1977）。该图为我们展示了沿着这个浪漫小镇外围城墙的道路设置的贸易市场，以及市政府等设施所处的广场形成的过程。A 区域是 10 世纪到 12 世纪的主教市场，B 是 13 世纪末城市解放后形成的市民广场。在今天有一部分街区和建筑遭受破坏、变成广场，而这些宽阔的区域中建成一些新的建筑，又让这里的样貌继续发生了改变。

子十项原则中所提到的“包围”。

第三，广场和街景角落虽然被包围，但它们并不是处于封闭空间之中。它们中间又依次衍生出了一些二级广场和小巷。城市中最重要的街道还要属通向大教堂正门的参道，除此之外还有大大小小的通往广场的街道，走进其中就会感受到完全不一样的世界。

第四，建筑物包围了街道，所以建筑自然就不会位于土地中央，而是一种将土地中部设置成为庭院的建筑格局。反过来说，庭院被道路包围，其外部则成为积极的空间。

第五，街道的宽幅（D）与建筑物的高度（H）大致构成1∶1的比例。在拉丁语系国家中，H和D的比例是最基本的建筑原则之一。一旦建筑过高，道路就会陷入谷底，变得昏暗不堪；而建筑物过低，又会给街道营造出一种孤独的氛围。它们之间的比例，对于宽阔的道路来说需要保证1∶1，而对于狭窄的道路来说最多也不能超过2∶1。

第六，联系建筑物内部和外部的装置（窗户、拱廊、阳台）经过了精心设计。拉丁语系国家允许在建筑二层以上建造凸出式的阳台和飘窗，人们可以在家中感受街道的氛围。反过来看，行走在街上的人也可以体会到房屋里人们的心境，他们互不侵扰又构成一种微妙的关系。而且，这些阳台和飘窗得到其所属地区特有的设计。如此一来，就形成多个地区特有的街道景观，人们在行走其中的同时享受地区特产、特色料理和风土人情，也就是体验生活方式，将会是旅途中最极致的乐趣。

## 川越的町屋和街道

在“用欧洲的方式建设城市”的呼声到来之前，日本那些具有历史气息的街道是具有共性的。接下来的例子是埼玉县川越市的一番街。川越曾经是城下町，一番街是城市的主要道路，以城下町中心位置的札辻为起点向南延伸约 450 米，因为藏造老街[1]被世人熟知（图 5-10）。

这里有一张年代久远的照片（图 5-11）。这张照片的拍摄地点可能是位于街道中央的埼玉理索纳银行川越支行高塔。该建筑于 1918 年（大正七年）作为第八十五银行的本馆建成，照片应该就是在那个时候拍摄的。川越在 1893 年（明治二十

图 5-10　因藏造老屋而闻名的川越一番街

1. 译者注：川越藏造老街保留了江户的传统建筑风格，黑瓦的砖造建筑被称为藏造。

六年）遭受火灾，有一些说法认为川越的街道借鉴了东京日本桥商店的模板，在此后彻底地恢复了往日的盛况。其实从这张照片中不难看出，川越有着类似于斯特拉斯堡美丽宜居的六种原因。

第一，街道中的建筑虽说只是在火灾后的一段时间内就改建完成，但它们也是由不同建造者花费二十年以上的时间打造而成的，没有任何两栋完全相同的建筑。

第二，街道被充分包围，形成一个“积极的空间”。街道的北边是一个札辻（十字路口），南边则是封闭的丁字路口。川越由于是城下町，只有札辻这一个十字路口，其余交叉路全都是丁字路口。站立在街道之中，视线会被丁字路口阻断，再

图 5-11　1983 年发生重大火灾之后，被迫恢复重建的街道
出处：冈村（1978）

加上道路两侧建筑物并排而立，就营造出了一个跟斯特拉斯堡的广场有着异曲同工之妙的具有一体感的空间。街道两旁虽然不像斯特拉斯堡那样凹凸有别，但是南北两端的路宽有着大约2米的差别。

第三，有多条参道通向位于街道背面的寺庙，在规模上虽然跟通往斯特拉斯堡大教堂的道路有很大的差距，但是它们的构造却是一样的。

第四，街边建筑配备了庭院。

第五，建筑的高度（H）与路宽（D）的比例虽然达不到1∶1，但是藏造老屋尽可能地抬升了自的高度，达到10米左右。

第六，联系建筑物内部和外部的装置，大致上是全国范围内被广泛采用的店铺一层门前那种长长伸出的房檐。二楼的屋檐也很深，它把探在道路外面的窗户包裹了起来。斯特拉斯堡的阳台和飘窗也发挥了相同的作用。希望大家能够意识到，设计虽有不同，但不分大洋东西，总有东西发挥着同样的作用。

不过，藏造老屋的建筑本身却是形态各异。川越的藏造老屋是由木造的町屋经泥土包裹而成的防火建筑。这里有一些如同歌舞伎町那样用别出心裁的夸张手法建成的、可以被称作“江户巴洛克”的建筑，十分显眼，但数量并没有多少。藏造老屋的基本构成与构造，跟木造的斜顶町屋基本一致。

前文中提到川越町屋的一楼有向外长长伸出的屋檐，支撑屋檐的横梁下方装有格子门窗，白天会把它收到两边的缝隙之中。房檐下方的空间在白天是开放着的，屋檐也就成为店铺内部与街道联系的媒介（建筑学中称为中间领域）。从土地所有权的角度来看，这片空间属于一个被称作“屋檐地”的公私交界处，将建筑内部和街道进行了划分。明治时代施行地租修正、将土地所有权进行公私划分的时候，屋檐下方土地的归属问题却并没有一个明确的结果。后来在日本的多条街道中的屋檐下画了一条线，超出这条线伸向街道的部分将被切除。如今在寻访历史街道时如果感到屋檐短得像超短裙一样，就要明白这其实就是上述 “轩切”的措施所造成的结果（图 5-12）。笔者认为虽然街道被留下了难以治愈的伤痕，但同时它又是富有人情的设计惨遭死板条款破坏的例证。

京都的町屋也有相同的房檐，在其下方有一个被称为“出格子”的凸出式的格子木门。有不少地方还在“出格子”的两旁设置了一个折叠式缘台“木质流水阀门”。京都町屋的房檐下方是一片舒适的社交空间。如此说来，在楼房入口附近放置长凳和椅子应该是世界通行的惯例。然而，无论是川越还是京都，同样都是一楼的房檐向道路方向凸出的形式；而在木曾路等地，则可以看到像斯特拉斯堡那样在二楼位置伸出房檐的町屋。房檐连绵不绝在其下方形成通道的例子，还出现在青森县黑石市等经常有大雪覆盖的地带，它们被称作“雁木”。若在欧洲，则应该是被称为拱廊或柱廊的走廊，正好可以在其中设置咖啡厅和餐饮店。简而言之，富有历史的建筑在如何构建内与外之间的部分上倾注了大量的精力，它们具体的表现又暗含了各自地区的特色。

图 5-12　福冈县八女福岛的街道（“轩切”之后的样貌）

## 由町屋创造出的城市空间

为了明确创意街区的建筑应该具备何种状态，接下来就让我们结合川越的案例，具体探讨在特定模式下建造而成的町屋究竟创造出了怎样的城市空间。

图 5-13 展示的是川越町屋的基本形态。建筑宽幅较窄，向内部延伸、呈细长状。一提到“鳗鱼的寝床”这种细长型建筑就会想到京都的町屋，但它其实是在古今东西的城市中所共有的、都可以看到的形态。有一种说法认为从前政府会根据土地的宽度来进行征税，所以建筑才被设计成细长的形状。因此，街道之中才尽可能多地开设了商铺，为城市提供了热闹，创造出了“集聚利益”这一城市的本质。

这些建筑沿着街道，几乎布满了商铺，背后的居住栋与店

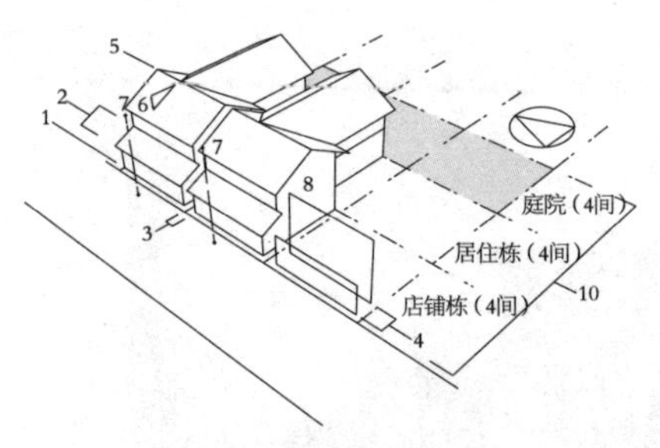


1. 与道路相连
2. 长长的房檐
3. 与旁边建筑相连
4. 2 楼的墙壁所处位置比 1 楼的墙壁要更靠后
5. 檐墙是平入口，但在交界处构成了歇山式屋顶
6. 屋顶的倾斜角度几乎一致
7. 屋檐交叉处以外的正立面呈左右对称
8. 建筑内侧没有窗户，街道是主要的采光源
9. 居住栋与店铺栋垂直相接，朝南而设
10. 店铺栋、居住栋、庭院的大小几乎都为 4 间

图 5-13　川越町屋的基本形态
出处：福川（1989）

铺栋垂直相接而凸出，面向庭院。庭院后方更是有离屋和土藏[1]等建筑继续延伸。这些建筑设置商铺的效果已经在前文中进行过阐述。它们大多为两层且屋顶为平入口悬山式，但其中有一大部分在屋顶的斜角交界处构成歇山式。建筑的店铺栋与道路相连，不同商铺之间几乎不留间隙、构成一个连续相接的外墙面，紧紧地包围住街道空间，形成一个支撑起热闹街道的舞台。但是，建筑的本体并不直接与街道相联系，且通过屋檐防止街道这一公共空间与私有建筑的内部发生冲突。就街道景观来讲，连绵不绝的屋檐也是一大亮点。

居住栋是拥有一到两间“奥”的一层或两层建筑，它们大都与街道（商铺）垂直。居住栋靠北而建，在南侧留下了一片空地。这片空地对于关西地区的町屋来说相当于一个通道庭院，房屋的一层虽大概率会有“下屋”凸出，用作厨房，但二楼却依靠这个空间使内部获得了由南面照射而来的阳光。这需要邻接建筑也在相同位置建居住栋，并且在同样是二层建筑的前提

1. 译者注：土藏，是日本的传统建筑样式，木质构造、外壁用泥土进行涂装，常用作仓库。

下才能得以实现。除此之外，居住栋还在很大程度上依赖着与它相连的庭院中的日照和通风等环境条件。

川越町屋的店铺栋、居住栋还有庭院，几乎都以道路为起点，按照4间的大小向内侧依次排列。店铺栋沿街而建，成为阻隔热闹街道空间和闲静居住空间的墙壁。居住栋恰好跟团地房中朝南平行排列的楼房具有相同的原理，互相之间都具备了采光的条件。庭院跨越建筑范围向内延伸，形成一个绿化带。通过这个绿化带，居住栋可以不受旁边建筑的影响，稳定地接收日光的照射。

下文将对以上内容，也就是町屋的房间布局进行剖析。町屋的房间从通道一侧开始由店铺房间、中部房间和内部房间3个房间相连，最终通向庭院的规制来进行布置。中部房间用作起居室，内部房间以最高规格配置成用来招待贵客的客厅，晚上则是房屋主人的寝室。从私密（privacy）和公用（public）的程度来看，店铺房间具有较强的公用性，中部房间是家庭成员聚集、对家庭来说具有公用性的房间，内部房间则具有较强的私密性。总体来说私密与公用的程度连续发生变化，这种变化形式被称为“亲密梯度”[1]。如果再加上门前道路和庭院来进行对比，其形态就如图5-14所示。道路→房檐→（格子门窗）→商铺→（门帘）→中部房间→内部房间→（窗外走廊）→庭院，如此就构成一个绝妙的亲密梯度。格子门窗、门帘、窗外走廊等装置还穿插到梯度可能会有所增加的空隙之中。

---

1. 亚历山大（1979）。

图 5-14　町屋中产生的由公共走向私人的柔和梯度
出处：福川・青山（1999）

亲密梯度的变化是否柔和较为关键，若途中出现起伏就会给居住带来不好的体验。住宅公共团地中朝南平行分布的公寓楼就是一个典型的案例。建筑师香山寿夫曾经在国外经历过街道型住居（联排式独户住宅），回国之后又在公共团地公寓中有过居住体验，以下是他的经验之谈[1]。

……回到日本后，我在东京都内的木造公寓中住了半年左右时间，又先后搬进四个公营团地公寓，它们都是在 20 世纪 60 年代大力开发建成的公共团地型 5 层楼梯公寓。

……这两者之中有一个共同的特点，就是会同时给居民带来一种过度远离外部空间的不安感，和时常暴露在外部入侵之中的焦躁感。

在靠近地面的一楼居住有其相应的特色，毕竟透过露台和起居室的窗户，与庭院和广场中的人产生眼神和言语的交流并不是一件坏事，不过距离实现还需

1. 香山（1990）。

要一些必要的设计。但是，坐在开放式厨房之中，无意之中会有人出现在庭院的前方（比起眼前的位置来说，正好在两腿膝盖前的位置会更加合适），是应该打招呼还是装作没有看到，无论对于坐在家中的人还是路人来说应该都是十分困惑的，不经意间路人已经消失不见，两者的接触也就不了了之了。这种不文明的人际关系得有多么野蛮，入口处的大门又进一步将这份野蛮推向了极点。铁门突然打开，又在突然间被合上。大门只要一敞开，外部的眼睛就能将房间内部看得清清楚楚。就算是去做客，也难免会因此受到像经历电击一般的打击。

平时我们不太会意识到构成街道的组织状态的重要性，只有在其濒临危机的时候才会趋于明了。图 5-15 是以京都为模板的图画，展示了如下样貌：左边有一条街道，主栋、庭院和离屋朝向右边相继延伸，中心部分的中庭跨越建筑将两端连在一起，为住户提供了日照和通风的条件。但是，出现在图片上方的公寓阻挡了庭院继续延伸的去路。虽然这种景象在

图 5-15　诞生在街道背后的绿化带（京都），公寓的兴建将其一步步摧毁
出处：福川・青山

京都随处可见，但是根据场所的不同，还出现了公寓合法而町屋不合法（正确的说法是现有建筑不合规范，虽然可以继续保留，但是若要扩建和改建则必须遵循相关的法律规定）的令人啼笑皆非的情况（为了应对这一事态，京都等地开始制定保护和活用历史建筑的条例，具体参见 88 页内容）。不用多说，公寓楼是“塔形建筑”，如图中所示，塔形闯入了街道型的景观。

图 5-16 以川越为例，为我们展示了因塔形建筑的闯入而破坏街道型景观的进程。

①最左边是店铺区域、居住区域、庭院区域、离屋区域形成时的原始状态。

② C 和 F 所示区域建立了不符合规范的三层建筑，致使北侧的日照条件变差，因此 E 区域改建为停车场，B 区域也开始考虑进行改建。

③购入了 E 区域的开发商一起买下了 D 区域和 C 区域，扩大了建筑范围，建造出了更大的公寓楼（图例中为四层建筑，容积率是 160%）。

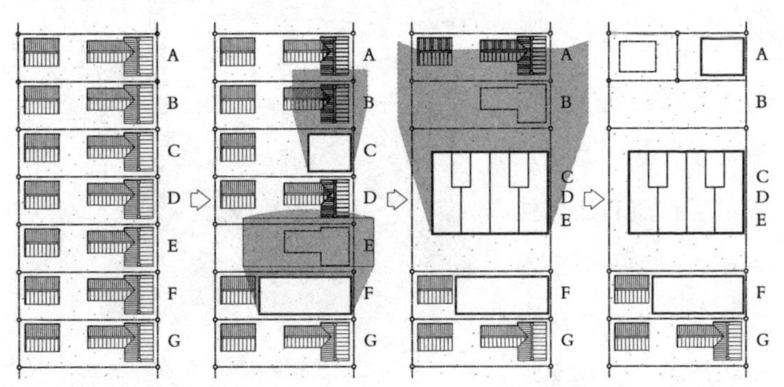


图 5-16　兴起的公寓楼破坏街道的进程

原图：环境文化研究所・川越市（1981）

④公寓楼的影响波及A区域和B区域，B区域变成空地，A区域则进行了改建，A区域靠里的位置变成空地，与邻接土地进行了合并。最后，低层建筑、高层建筑、停车场相互邻界，变成日本多地可见的街市状态。变化的源头C和F虽然只是在一定区域内进行了改建，但却像蚁穴溃堤一般波及了整个街区。

### 街道型城市——五个要点

不知各位是否已经意识到，从法国的斯特拉斯堡到日本的川越，虽然国家和时代不尽相同，但它们存在着不同于塔形的街道型城市中共通的因素。

第一，建筑物沿街道并排而设。建筑物相互连接构成街道，在形式上创造出被包围的街道空间，再加上咖啡厅、餐饮店、商铺等设施，实现了市民生活中所需的舒适公共空间，继而衍生出了每个城市都不可或缺的主街道。只要其中缺失了哪怕只有一栋建筑，这种特征也会大打折扣。

第二，构成街道的建筑正面不仅仅是墙壁。展示玻璃窗自不必说，房檐、遮阳棚、阳台、窗户、屋檐等所有因素凝结了连接街道与房间内部的尝试。其中不乏地域特有的设计，成为各街道引以为豪的内容。

第三，不破坏街道赖以生存的自然环境，而是出色地进行了继承。具体地反映在道路和建筑区域分配的形式，水路河流的存在，以及可以眺望包围城市的山峰等要素之中。

第四，建筑物之间不会互相争夺日照等自然条件，而是构成互相保障的合作关系。如今频发的公寓楼纠纷就是争夺环境条件的典型案例。与此相反，历史街区之中建筑的主栋沿街而建，其背后建有一个庭院。这样的庭院将不同建筑联系到一起，确保了在人口密集的街市中拥有舒适的居住环境。而且，它还调整了社区和私人的关系。

第五，应该是最重要的一点，上述四项内容在建筑年代和建造者各异的建筑之中得以实现。由于处在还没有建筑师和城市规划师的年代，才形成这样的街道。建筑物多种多样，且不是整齐划一的。虽然不存在完全相同的两个建筑，但在整体上保持着和谐，有规律地延续了良好的建筑氛围。我们把这种状态称作秩序和多样性的兼容。

创意街区“不同于高层型开放式空间的建筑方法，而是要创造城市功能集合体来重新构建城市空间”的目标，恰恰能够在这些要点的实施中得以实现。历史中城市自然形成的内容，在现代社会也要根据现代的要求来做出谋略。

## 4 实现的方法

### 川越的案例——街道委员会和《城镇建设规范》

如果要把单个的建筑物聚到一起来创建舒适美丽的整体，那么单个的建筑就需要沿袭一定模式，使其成为“创造城市的建筑”。比如，川越一番街制定《城镇建设规范》构建起新建改造规划要交由街道委员会审议的机制，实行至今已有三十年。

川越一番街是被认定为国家重要传统建筑群保护地区的历史

街区，但在其总长度为450米的大街沿线的约90个建筑区划之中，保留着历史建筑的区划已不足一半。虽然保护古建筑有修缮、内部装修改造及进行店铺改造等基本原则，但其余地段全都是新建的楼房。要跟历史街区和谐共存，如何让它们推进改建、修复景观就成为课题。解决这一问题的普遍做法就是制定建筑规范。

但是，川越人不支持禁止事项中规定的“不能做某事”的“规制”。或许他们并不认可制定出“怎么样做就能建造更好的房子，让街道更加丰富多彩”的提案型规矩簿。街道的魅力在于，通过发挥个体的特色使其互相作用而产生化学反应，从而提升单个建筑所不能获得的效果（街道、经济和社会的活化）。达成这种效果不能依靠制约，而是要在它们之间找到共通的语言。当时，川越借鉴刚出版不久的著作《建筑模式语言》（*Pattern Language*），制定了一个建筑和城市建设的模式集。《建筑模式语言》是本书中多次提到的克里斯托弗·亚历山大（Christopher Alexander）的代表作，它是一本总结了城市建设和建筑建造原则（模式）的百科全书。书中总结的模式虽具有较强的普遍性，但根据各地区、各项目来制定出特色模式的方法当然也是可行的。川越对上文中有所提及的街道和町屋进行了调查，总结出67种模式，制定了一本《城镇建设规范》[1]（图5-17）。

1987年4月，川越一番街的居民签署《川越一番街关于城镇建设规范的协定书》，制定了实施《城镇建设规范》、建

1.《城镇建设规范》除了可以在一番街书店太阳堂购买之外，还可在创意街区推进机构的官方网站上进行下载。

图 5-17　川越一番街《城镇建设规范》

设一番街时要遵循《城镇建设规范》、设置街道委员会对一番街建筑物进行管理等条例。此后，街道委员会每月都会召开一次会议，有建筑意愿的人们把计划案带到会场，遵照《城镇建设规范》来交换意见。第一次街道委员会会议是在 1987 年 10 月召开的，街道委员会后来成为川越一番街城镇建设的核心组织，已经创立了三十周年。下面是《城镇建设规范》67 种模式中 9 条重要的内容。

41. 建筑物不能为一体式，要把楼栋分开。

42. 建筑高度取决于周围环境。

47. 楼栋的布置要留有庭院的空间。

49. 楼栋（建筑物）要相互连接。

50. 4 间—4 间—4 间的规则。

53. 建筑物要配置屋顶。

55. 建筑物正前方联排配置，构建街道空间。

56. 房檐下方的空间要是开放式的、连续型的。

62. 庭院要利用到商铺建设之中。

其中，“4间—4间—4间的规则”指的是前文有关川越町屋的分析中提到的，店铺栋、居住栋、庭院按照4间的大小在狭长的建筑用地上以道路为起点向里侧依次排列的模式。

街道委员会成立十年之后，于1988年出现了在空地中建设公寓的计划。由于合法性问题，街道委员会无权阻止该计划实施。川越市政府开始行动，推进在居民间达成协议，把这片街区指定为城市规划中传统建筑群保护地区，1999年这里又被认定为国家重要传统建筑群保护地区[1]。只要被认定为重要传统建筑群保护地区，不仅仅是历史建筑，就连新建的楼房都要受到法律的约束，而且在建筑保护和街景修复项目上还能获得补助金的支持。一直以来的居民自发式的街道管理模式引入了可以发挥市政府这一公权力的体系。但是，这里并不是把所有职权都委托给市政府，街道委员会今后还会继续作为自发式的街道管理组织活跃其中，反而提升了存在感[2]。

1. 传统建筑群保护地区首先经过自治体制定城市规划（城市规划区域外则是制定条例），然后再经文部科学大臣认定，从中选出“区域整体或部分对日本具有特别重要价值的”重要传统建筑群保护地区（文化财保护法143、144条）。

2. 最初是经居民签订协议、以商业街组合内部组织，后来在2009年发展成为传统建筑群保护地区居民协议会。

## 更大规模的城镇案例

川越一番街和长滨市都是以町屋为单位来维持和发展街道的案例。那么在商圈扩大、构成街道单位的建筑物增高的情况下，又会有怎样的变化呢？高松市丸龟町商业街就是一个很好的例子。商业街 A 街区再开发完成后，B 街区和 C 街区在意见一致的前提下开始了建造共同住宅的小规模渐进式再开发事业，城镇管理组织还制定了可以作为建筑模式集的设计规范。该设计规范对 A 街区设计方针进行了普及，如表 5-1 所示，共有 27 种模式。

表 5-1　高松丸龟町商业街的设计规范

| |
|---|
| A. 保护和强化城市·高松的基本构造<br>1. 高松的主街道·丸龟町 |
| B. 维持和强化中心街市的繁荣<br>2. 步行街<br>3. 繁华的中心地段 |
| C. 提升便利性和保护环境<br>4. 分散型的停车场 |
| D. 确保街道周边住宅的舒适度<br>5. 商铺·社区·住宅的三层构成 |
| E. 在热闹街道和住宅之间配置工作用地和设施<br>6. 生鲜市场 |
| F. 建筑群的形式<br>7. 街道型<br>8. 路宽和建筑物高度（D/H）<br>9. 汇聚了热闹的街道<br>10. 积极的外部空间（庭院式） |
| G. 决定建筑的位置<br>11. 使楼栋相连<br>12. 外部空间的相接 |

续表

| H. 以波纹的形式来打造建筑的内部和外部<br>13. 连续的庭院（街区的庭院）<br>14. 里丸龟（开发商业街内部街区）<br>15. 建造保护人与社会的房顶<br>16. 屋顶庭园 |
|---|
| I. 更加具体地打造建筑与建筑之间的外部空间<br>17. 视认性（Paths & Goals）<br>18. 拱顶<br>19. 建筑正面相连<br>20. 交汇处的圆顶 |
| J. 在主体建筑中添加一些可以从上面楼层通向街道或庭院的小构筑物<br>21. 外部楼梯 |
| K. 将建筑的内部和外部进行缝合<br>22. 空中走廊・街区的缘侧<br>23. 可以跟街道对话的窗户<br>24. 迎街而开的商铺 |
| L. 增设小屋和壁龛来完整“户外房间”<br>25. 壁龛 |
| M. 装潢<br>26. 用以激活建筑物的招牌<br>27. 展示厅街道 |

这些模式致力于在单体建筑中实现川越和斯特拉斯堡的案例所体现出的特性。设计模范中有“20・交汇处的圆顶”这一内容，由于前文之中已经有过阐述，所以这里只对其余部分进行讨论[1]。

把主街道打造成市民汇聚的场所来推动城市振兴的并不只有高松，它也是中心街市活化和创意街区的基本目标。“1. 高松的主街道・丸龟町”贯穿城下町的南北，是城下町建成以来

1. 福川（2009）。

的主街道，它必然而且必须成为高松的中心。不过这条商业街与精确的南北方向有一些偏差，是沿着条里制的田野方位建立的，从此种意义上来说，也可以将它称为自古以来的中心轴。为了让主街道成为充满活力、便于生活的场所，需要采取各种手段来促进。"'9. 汇聚了热闹的街道'就是对这个基本方针的宣言。"

在人群集中的圆顶广场和丸龟町道路交接处，周围建筑的2层和3层之中有一个回廊相连（"22. 空中走廊·街区的缘侧"）。这是为了在建筑和街道之间产生一个丰富的中间领域，也就是抓住所有机遇。通过搭设在三楼的路桥，回廊让不同的两栋建筑跨过街道联系在了一起。回廊的柱子之间设置凸窗式的护栏以及壁龛（"25. 壁龛"），宽敞的回廊放置的椅子和桌子也成为供人们休憩的舒适场所，还配置了能让路上人和楼上的人互相感受到对方存在的窗户（"23. 可以跟街道对话的窗户"）。

围绕街道的低层部分也就是三层楼房的商业用地中，路宽由8米增加到11米，路宽和建筑物的高度比设定为包围感略强的1∶1.5（"8. 路宽和建筑物高度"）。建筑物的正面按照样式建筑的原则（底部、主体、顶部的三层构成）建成，把街道空间包围在其中，遵循了构成图画般外部空间的大原则（"19. 建筑正面相连"）。圆顶广场周边设有拱顶，一楼的商铺直面街道使其店内环境成为街道的延长段，保持了街道与商铺之间的联系（"24. 迎街而开的商铺"）。由于楼房内部是垂直动线所以不能设置中庭，而是将整个道路当作楼房的庭院。“18. 拱顶”是让街道空间更具整体性的配置。而且，上方楼层用作住宅，不但以道路中心线为起点整体后移了10米，还为实现D/H=1∶1的比例规定了楼层高度。在街道之中几乎不会注意到上方的住宅。原则上四楼都是跟社区有关联的设施（“5. 商铺・社区・住宅的三层构成”），而它的前方是三楼的平台屋顶，后来变成令人非常舒心的屋顶花园（“16. 屋顶庭园”）。从继承城下町高松的空间构造以及根据现代的课题重新建造的观点出发，加入了在可实行街区楼房的二楼或三层设置中庭的原则（“10. 积极的外部空间”）。这些中庭与回廊、路桥、楼梯（扶梯）、里层街区等以街道为轴构成一个网络，中庭周围又设置有壁龛，公共空间更加宽广和丰富了（“12. 外部空间的相接”）。这个措施全方位地提升了只沿街道而设的土地中有限的商业价值，促进了土地的有效利用，是再开发事业实施中不可缺少的。但不管如何，街道都位于热闹的中心（“21. 外部楼梯”）。

## 实施地区规划制度

川越一番街的《城镇建设规范》和高松丸龟町商业街的设计规范都以居民自主决定的形式来制定。这样的规则是否能在法律中找到它的位置呢？非常遗憾，日本的城镇建设法律体系中，并不存在这种自发的先例，而且在涉及具体设计的规则时并不存在能够赋予法律权力的制度。但是，建筑物的高度、容积率、墙壁位置等基本的项目，可以通过法律制定各地特有的规范，这是需要加以合理利用的。

5.商铺·社区·住宅的三层构成

24.迎街而开的商铺

16.屋顶庭园

10.积极的外部空间（庭院式）
13.连续的庭院（街区的庭院）

21.外部楼梯

9.汇聚了热闹的街道

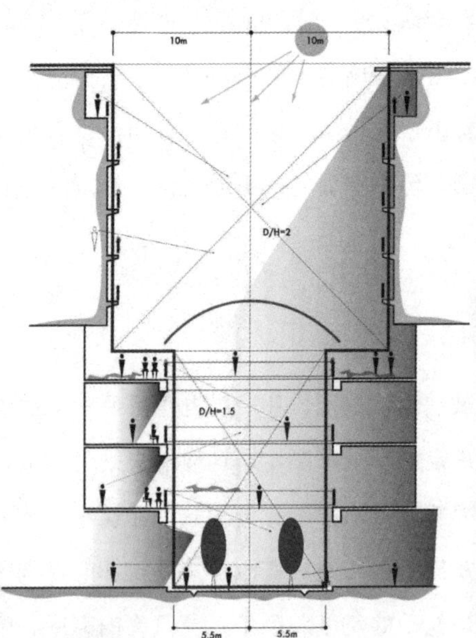


8.路宽和建筑物高度（D/H）

18.拱顶

23.可以跟街道对话的窗户

25.壁龛
22.空中走廊·街区的缘侧

图 5–18　高松丸龟町商业街设计规范的完成案例

制度虽然有很多种，但对于街道型城市来说真正有效果的是“地区规划”，尤其是其中被称为“街道诱导型”的类型[1]。因为地区规划太过于笼统，所以日本参照德国的B计划在1980年进行了引入[2]。但是在德国没有真正实行B计划的情况下，建设不能实施，所以日本的地区规划并没有成为必修科目。因此，规划制定当初普及未能实现，直到中曾根民活的实施使得规制有所放缓，以地区规划为条件来缓和建筑用地中规定的容积率等限制的制度陆续制定，地区规划才开始贴近人们的生活。街道诱导性的地区规划就是在此过程中诞生的产物。

“街道诱导型地区规划”可以通过决定建筑高度和墙面位置来废止建筑用地中斜线的限制，同时还能改变容积率。以高松丸龟町为例，丸龟町依据模式中的“8. 路宽和建筑物高度（D/H）”决定了建筑物高度和墙面的位置（图5-19），打破了斜线的限制。前文中也提到过，建筑的一层到三层主要是商业设施（高度在16.5米以内），四层到九层则主要是居民住宅（高度在36.5米以内）。龟町将把对街分布的两个建筑中间的间隔，改成下方11米、上方20米的形式。这是遵循了“只要两个邻街相对的窗户间距离保持在20米以上就不会影响到对方”的经验法则。而且，墙面的限制中还有以下附加条款，在公共土地界线之外的范围内设置“开放式行人用升降设施、步行道专用顶棚、

---

1. 川越一番街为传统建筑群保护地区，因此制定了比地区规划更为细致的规则。具体的规则被记录在与该地区相关的一系列文书中的《保存计划》之中。
2. 德国的城市规划由跟日本区域划分和用途地域相似的F计划，以及街区等级中对建筑物位置、高度、墙壁等进行详细设定的B计划组成。

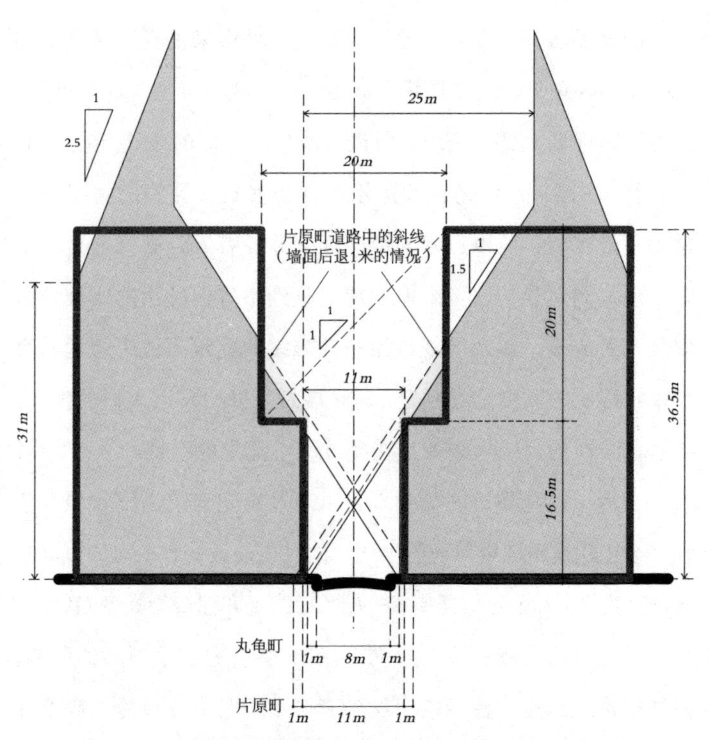


图 5-19　高松丸龟町商业街的街道诱导型地区规划（平面示意图）

灰色部分是一般规制中可以建造房屋的范围，展示了墙面后退 1 米的情况。粗线框里表示的是制定街道诱导型地区规划后房屋建造的范围的变化。而且，这片区域同时面向丸龟町和片原町两条街道（P161 图 6-1）。片原町的道路要比丸龟町宽一些（丸龟町 11 米、片原町 12 米）。所以片原町斜线的适用范围指的是，从两条街道交汇角为起点的 22 米以内（片原町路宽的两倍），以及丸龟町道路中心线开始向里延伸的 10 米以上的区域。

阳台、凸窗”等不会受限。配置欧洲城镇中那种凸出在步行道上的阳台和凸窗有了实质性的可能（图 5-20）。

地区规划成为现阶段实现创意街区的有力手段——街市再开发事业的条件。虽然可以运用高度利用地区这一制度，但我们希望能够带动比已有的普遍意义上的再开发更小规模的“小

图 5-20 与街道对话的窗户的实现历程

埋入步行道的黑线表示的是公共土地界线。建筑物本体以这条线为起点向后方退出了 1.5 米，使得地区规划在此设置凸窗成为可能。

规模渐进式”得以实施，所以对于特定地区来说，合理利用并制定因地制宜的城市规划为主旨的地区规划是非常合适的。地区规划涵盖了制定方针的“地区整备方针”和制定规制中具体数值的“地区整备计划”这两层内容，所以可能会形成这样一个顺序：首先制定创意街区整体范围的方针，然后对再开发事业进行梳理，最后制定“计划”。但是，以再开发事业为前提的地区规划与高度利用地区有着同样的内容。如果把它称为高度利用型地区规划，那么就必须要规定最低限度的容积率和建筑面积。所以现行制度中，地区规划必须要制定出能够满足街道诱导型和高度利用型两种风格要素的内容（表 5-2）。

**表 5-2　两种地区规划**

| | 用途 | 容积率 | | 建筑覆盖率 | 建筑用地面积 | 建筑面积 | 墙面位置 | 高度 | 建造物的位置 | 限制放缓其他 |
|---|---|---|---|---|---|---|---|---|---|---|
| | | 最高限度 | 最低限度 | 最高限度 | 最低限度 | 最低限度 | | 最高限度 | | |
| 街道诱导型 | ○ | ○ | | | ○ | | ○ | ○ | ○ | 容积率受前方道路的限制、道路斜线 |
| 高度利用性 | ○ | ○ | ○ | ○ | | ○ | ○ | | | 成为街市再开发事业的条件 |

关于这一点，在此稍作补充。高度利用地区或者说高度利用型地区计划，是本章开头部分提到的“高层化和开放式空间形式”制度化之后的产物。与“街道诱导型”相比，无论是在构想还是在城镇的样貌上都是完全相反的。如果将这二者强行混在一起只会出现矛盾。不过，在宣称“土地的高度利用”的再开发事业的实施过程中，高度利用作为前提条件登上了舞台。城市再开发法中根本的构想是通过“高层化·开放式空间形式”来实现“土地的高度利用”。不仅限于再开发，城市计划具有“整形”“大规模”“高规格”的意向[1]。如前文内容所述，创意街区期待的城市样貌与这些意向截然相反。而对于再开发来说，致力于在既有的街市中进行补充的“填充型”“小规模渐进式”“翻新”才是今后再开发应有的姿态。当然，城市再

1. 青木（2004）。

开发的世界中还有跟从前的方式划清界线的尝试，具体内容将在下一章中进行介绍。其实还有一些手段被一步步推出，比如支持低容积型“因地制宜式再开发”的措施，以及 2016 年城市再开发法的修正案让再开发区域中的历史建筑得到存续，等等，P91 图 4-5 中有过介绍，长滨的项目利用此项制度得到推进）。在此意义上可以将现在的阶段称为过渡期。把容易错误理解为高容积化的“高度利用”改变成“土地的合理利用”，把再开发的必要条件从“高度利用”转变为“地区计划的实现”，就是接下来需要面对的课题。

# 第 6 章 方案

## 1 构建方案的整体印象——以高松丸龟町为例

前文中分析了两个关键手段——商业“生活方式品牌化”和设计“向紧凑型城市转变”，它们该由谁来带领，又该如何实现呢？这就需要第三个也是最后的一个关键手段，为实现而生的方案。方案所涉及的是以何种体系来开展事业、如何调整土地和建筑物等相关权利、依据（需要）怎样的政策、如何来构建事业的收支、如何调配资金等来实施框架构建。

首先让我们通过高松丸龟町商业街再开发的案例来对方案进行一个整体上的把握，然后再进入各个部分的讨论。

图 6-1 是表示高松丸龟町商业街 A 街区再开发之后的配置与表示所有权的土地划分的重叠图。再开发事业实施前后，土地所有权没有发生变更。也就是说，圆顶广场是横跨在公有道路和私有土地之上建成的，因为私有土地为公有道路提供了一部分空间，街道也就变得宽敞了。总而言之，丸龟町商业街 A 街区中的土地所有者没有改变土地所有关系，而是暂且把实际的土地划分放到一边（对土地实行共同利用），并且遵循设计的方针建造出创造美丽街道和丰富公共空间的、配备可以使用高层建筑空间的面积和设施的、吸引定居在东京都心部的人群

回流之后可供其居住的舒适住宅。这个新的建筑物是由土地权利人成立的城建企业建造的。运营方面交由另一个城建公司负责，该公司为了使商业街推动丸龟町整体受益而成立，从中获得的利益（土地租金）以土地使用金的形式交付到土地权利人手中。土地使用金的目的在于，这些土地不论是被建成圆顶还是广场，根据资产的分配情况，其所有者都能有资产价值中几个百分点的金额入账。

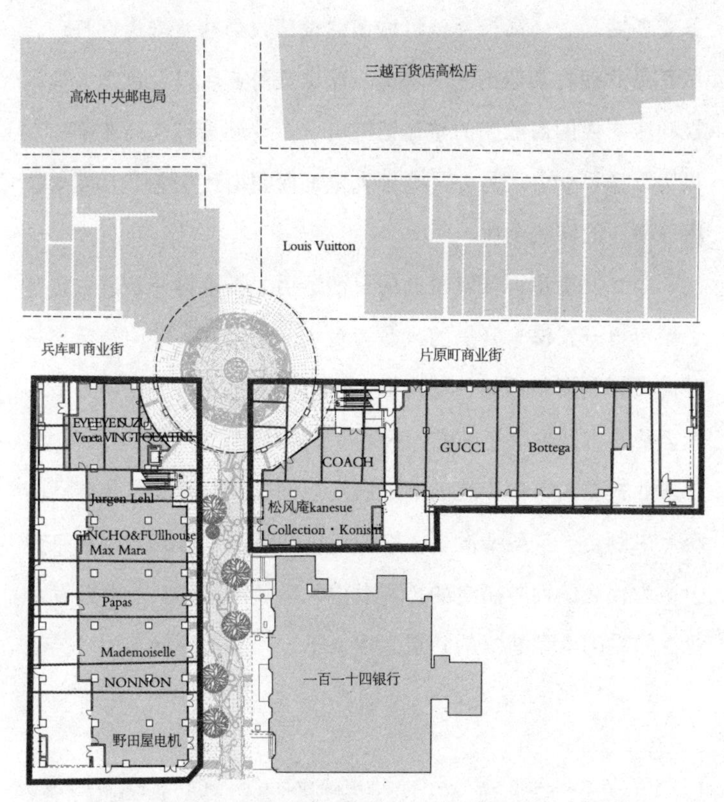


图 6-1 高松丸龟町商业街 A 街区的土地分布以及再开发后的建筑和广场等

图中体现的是开业初期的店铺分布状况。

这个方案基本上由三个要素构成。

第一，处于开发事业关键位置的城建企业。丸龟町商业街有一个A街区的城建公司和另一个覆盖商业街整体的城建公司。前者（高松丸龟町壹番街株式会社）是以土地权利人为核心设立的企业，通过筹集资金取得了再开发事业中建成建筑的使用权（准确来说是得到保留床[1]）并投入运营，获得的收益以土地使用金和租金的形式返还给土地权利人。运营的实际业务委任给后者（高松丸龟町城镇建设株式会社）来进行打理。后者企业拥有其他街区的楼房，在这些商业床以及包含A街区权利床在内的商业床的整体范围内负责设施管理、商业推广、租赁管理等业务。另外，高松丸龟町商业街还配备了开展餐饮店等事业的城建企业。

第二，街市再开发事业的灵活运用。街市再开发事业是基于城市再开发法来开展的，是为多个土地权利人共同建造楼房时提供权利调整框架的制度。街市再开发事业不但在调查费和施工费等方面提供了补贴，还免除了权利变更时所产生的税金。该事业根据街市中土地的高度利用规则以及符合其公共属性的观点来制定。一般情况下，它被运用在以六本木HILLS和东京中城为代表的商务街道的再开发中，以及所谓的站前再开发事业等常见的大型建筑的建造之中。不过，还需要对其加以灵活

1. 译者注：保留床（日语）意为街市再开发事业的新建设施和建筑中，土地所有者享有土地所有权以外的部分，而土地所有者保有土地所有权的部分为“权利床”，另外的商用土地部分为“商业床”。

运用，使之投入到街道型的创建中来。

第三，资金调配的方法。具体指城建企业在购买再开发事业的土地（保留床）时调配资金的方法。高松丸龟町商业街通过中心街市活化法规定的补助金（“战略补助金”）和政府系金融机关的免息融资获得了大部分的资金。后者具体指中小企业基盘整备机构（旧中小企业综合事业团体）的高度化融资，基于《中心市街地活性化法》的开发事业享有三年免息、二十年偿还的有利条件，商业街也因此获得了融资。除此之外，资金调配的方法还配置了整合小额不动产投资发行证券等方案。

以上三点是高松丸龟町商业街再开发方案的基本要素。方案必须要根据各个地区的实际情况来做出相应调整。高松丸龟町商业街很好地实施了上述方案，下面内容是对其理由进行的阐述。

请大家先观察下一页图 6-2。高松是城下町，曾经像川越那样在狭长的范围内町屋并立（a）。作为城下町，高松有着标准的街区划分：各街区正面横宽 60 米、大约分布着 10 间町屋；另一面的宽度为 30 米，在这个“鳗鱼的寝床形”土地范围中应该有主栋、庭院和离屋的配置。

但是，高松在“二战”中遭遇空袭，町屋被烧毁了。“二战”后，通过建造木造二层商住两用住宅开启了城镇的振兴工作。作为商业街，丸龟町商业街吸引了数量庞大的人群聚集，这些二层建筑在经济高速发展时期，即昭和 30 年代～ 40 年代（1955—1965）被改建成三层以上的楼房（b）。但由于土地划分没有变化，这些新建成的楼房呈现“薄片仙贝”的形状。此种楼房每一层的基地面宽都很狭小，扶梯自不必说，就连电梯的设置都很困难，要想通往楼上只有细长的楼梯可以使用。因此，可供店铺利用的范围最多就只能到二层，更高一些的楼层则被用作仓库。最高层的房间虽被设计成店主人的居室，但由于爬楼梯的不便和生活用品商店的减少，几乎所有人都搬到郊外去居住了。再开发事业实施当年所进行的调查中显示，只剩下 5 户人家还留在商业街中生活。而且，这些建筑几乎都是在 1981 年（昭和五十六年）新抗震基准发布之前建成的，楼龄已达五十年之久，必须要逐步拆除重建了。

单独实施改建也许能够在构造上保证安全，但对于楼房本身来说却不能像以前一样得到有效利用。既然原封不动地推倒重建没有前景可言，就只好系统地建造具有一定规模且可以适当利用上层空间的建筑（c）。

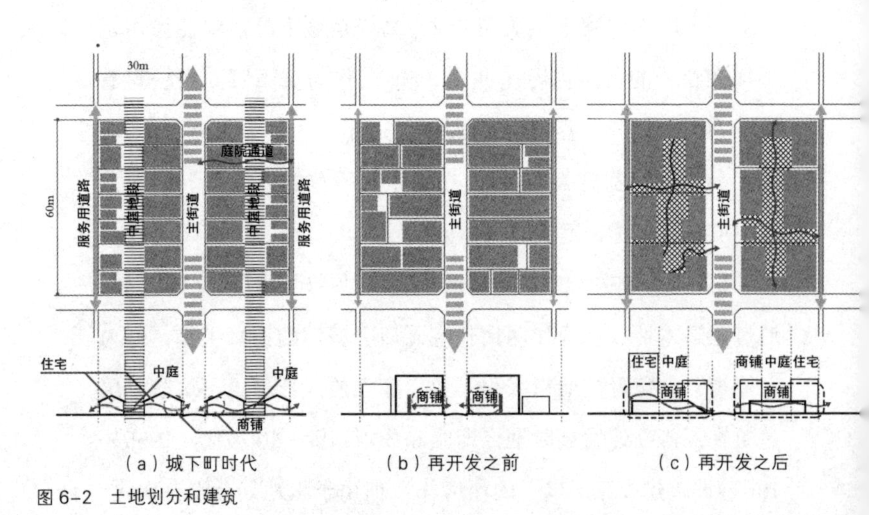


图 6-2　土地划分和建筑

“单独重建没有前景”“不符合新抗震基准”“共同楼房具有合理性”“但是共同化又存在不安”，下述方案就是为了消解这些不安因素来制定推行的，主要内容有：不影响土地所有权分配；通过共同化来提升建筑的收益，当然它的构造需要保证安全；通过共同化导入资金，降低土地价格（租金），创造有利于商户入驻的环境，降低楼房经营的风险；通过共同化创造出富余的聚集场所，从而丰富公共空间；建设住宅，除土地权利人入住之外，促进新居民的增加；居民共同建立的城建企业实施运营，向土地权利人返还所得收益。这些内容在设计和方案的研精钩深之下成为可能。而且，如图中（c），共同建造的楼房二层设置了原本只属于一层的中庭，形成一个舒适的空间，体现出引导人们向上层空间聚集的设计规范。在有关商业的章节中介绍的“Machi no Schule 963”，就是一个充分利用该类型的空间而创造出独特环境的成功案例。

## 2　城建企业

方案中最为根本的就是城建企业。正如我们所看到的一样，重振中心街市，必须要激活没有得到合理利用的历史建筑等资产，并且共同对土地进行灵活合理的运用。不过，依靠每一个土地权利人的努力毕竟存在着界限，需要具备城市建设意志和智慧的开发者登场。但对于在普通市场中活跃的开发商来说，要期待他们发挥这些作用还是比较有难度的。在这个城市能够得到发展并充分预估开发利益的时代中，虽然存在足以掌控民间开发、确保公益性的道路，但是对于日本现阶段的城市来说还是无法实现的。最终，为了完成城市建设中必要的开发，只能通过发掘根植于社区的开发力量来实现。归根结底，只有以所处地域的居民为核心，才能承担起开发的重任。

城建企业开始将政府政策转化为商业街活化政策[1]。对此，流通政策方面的专家石原武政教授的著作《口辞苑》中有着如下解释。不过，通商产业省（当时）制度中的词条表记则是“街道建设企业”。

> 平成元年（1989 年），商业街活化以地域商业集中促进事业的形式推向了制度化。平成二年 3 月，新潟县中里村成立了第一个街道建设企业（PART Ⅲ）。本地中小零售商和自治体共同出资成立公益法人或公司。对此，中小企业为重振地域商业发展进行了深度融资。可以说，它就是后来城镇管理机构（TMO）的雏形。

直到这项政策确立为止，面向商业街的公共支援政策都是以商业街组合为对象来进行开展的。拱顶、多彩的装饰和统一的招牌是商业街近代化三个配套形式，商业街组合负责推动这些事业实施，而且补助金和融资的对象仅限于商业街组合。但是当商业街的衰退渐渐明朗的时候，有发展意向的组合成员和

1. 通商产业省商政科编（1989）。

考虑关店的组合成员各自持有一张相同的选票，这对于商业街组合积极开展事业的决断来说是存在困难的。而且除了拱顶、多彩的装饰和统一的招牌之外，富有创意的挖掘成为必要手段，又由于组合的组织形式已经不再适用等，开拓出一条道路来支援期望得到发展的团体[1]。如今为了得到中心市街地活性法的支援，组建以城建企业为中心的中心街市活化协议会成为必要条件。现在的城建企业已经成长为城市建设的主要力量。如前文引用内容所述，第三部门在最开始的时候是城建企业的必要条件，而如今已经超越了第三部门的范畴。

另外，《口辞苑》还是商业和流通政策专业术语的辞典，极具特色地在每一个用语后面都附上了两个解释。关于城建企业的第二个解释详见下文。

> 最初的构想是在埼玉县川越市的川越一番街商业街的实验中演化而来的。业主们宁可看着店铺被闲置也不愿意将其出租。究其原因，竟然得到这样的回答“房子租出去就相当于被夺走了”，这是依据当时借地借家法的规定。可见城建企业是在保护租赁人权益的事业中发展而来的。也就是说，业主对于公民之间的契约怀有强烈的不安。但如果行政和商工业会议所等公共机构能够介入其中，他们中的一

1. 松岛（2005）。关于中小零售商业政策展开的内容，通商产业政策史编纂委员会编写（2013）的“第 8 部 商业・服务业政策”对其巧妙地进行了整理。

> 大部分人还是愿意出租房屋的。由此，经营不动产的同时促进街区发展的想法诞生了，并成为国家的政策指向。这刚好是地域商业发展吸引各界目光的一个好时机……

正如上文解释的内容，城建企业其实就是在多次列举讨论的川越一番街城镇建设中所产生的构想。为了区分城建企业的意义和职责，接下来我们将会对城建企业构想的历程进行介绍。

### 城建企业的构想诞生于藏造老街之中

川越一番街城建企业的正式启动源于1983年的“川越藏之会”。一些来自外部的寻求激活藏造老街、促进商业街实现活化的声音喧闹不堪，不耐其烦的居民们首次聚集到一起，建立了“藏之会”这个致力于开发城镇的组织。当时正值大学纷争，一些郁郁不得志的年轻人转到市政府就职，他们在组织中充当了背后的力量。“藏之会”有以下三个口号。

第一，城镇建设要以居民为主体。

第二，推动北部商业街实现活化，从而保护街道景观。

第三，促进街道存续推动财团形成（这里为原文）。

其中，第二项“实现活化，从而保护街道景观”与外地人提出的“保护街道就能确保商业繁荣”为反命题。“商业繁荣才能保护传统建筑”，这是当地居民的反驳，又或许是他们气概的体现。第三项“财团形成”是指持有和保护，它是当时作为日本的自然历史环境运动——席卷全国的国民托管组织运动

（National Trust）期待达成的目标[1]。这个思维方式之后成为“城镇建设企业”的构想。

“藏之会”开始运作，相对于文化财产保护制度而言，它能深入到利用国家商业街支援事业、推进城市建设合意形成的方面。随后，选用了中小企业厅管理的“社区市场构想模式事业”。

这项制度的目的在于，要通过整合“社区市场”即“生活的广场”来推动因大型店铺和城市构造的变化而不断衰退的旧商业街实现复兴。商业街组合接受直接补助金的支援，以其自身作为主体组织调研，如若顺利就能开启一条吸纳零售商业近代化事业援助的道路。如此一来，就可以通过低利息融资对商铺实施改造，利用免息融资在街道建设商场和口袋公园，以及其他核心设施。现在仔细一想，这其实是之后将要展开的中心街市活化政策中的第一弹。“商业街转变为生活的广场”这一概念，就目前来说也是可以作为目标来实施的。但是，实施的部分援用从前的零售商业近代化事业，不知是陈旧还是太过激进，就政策实施的开展而言还是不够充分的。

1985 年，川越一番街商业协同组合历经一年的时间来讨论计划方案，最终制定出了“商业街近代化计划”的纲要。相关内容有：制定促进各商铺翻新基准的改修计划案；制定在街道中建设商场和口袋公园等全民参与的共同设施计划；制定可作为核心设施的庆典会馆的计划。但更为重要的是，从结论上来说城镇建设要有以下两个不可缺失的基柱（图 6-3）。

---

1. 木原（1992）。

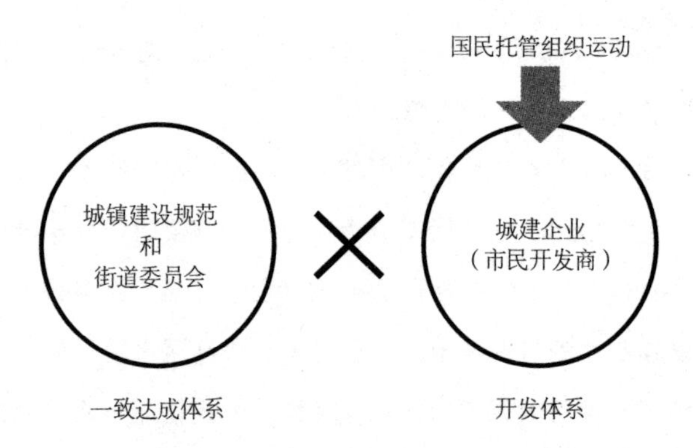


图 6-3　由川越市的案例思考的两个城市建设基柱

第一，城镇建设规范和街道委员会（一致达成的体系）；

第二，城建企业（根植于社区的开发体系）。

这两个基柱的意义如下：首先要在全体居民之间就如何进行城市建设的问题达成一致，根据共识为实现城市样貌的转变而实施管理。其次，只依靠这一手段并不能够如愿，所以还要推动在居民的手中建立起能够成为开发力量的、能够促成共同期盼的城建计划得到实施的“城建企业”。

“城建企业”是在“藏之会”口号中“财团”（国民托管组织运动）的推进下发展而来的。川越地价高昂，姑且不管口号如何，购买土地或建筑来保护和利用几乎是不可能的。如果想要用符合城建的形式来利用土地或建筑，应该可以通过经营房地产的方式来把控经济基础。城建企业的创意就是在同当地居民的对话过程中诞生的。

但遗憾的是，相对于川越一番街的街道委员在近三十年积累的成就，城建企业的构想并未实现[1]，甚至都还没有付诸实践。因此，前文中《口辞苑》的说明实质上是超前的，不过它的设想却又是切实可行的。以下内容，将再次对城建企业的作用和意义进行梳理。

相对于一致达成机构“街道委员会”而言，“城建企业”遵照街道委员会提出的方针来企划、建设和运营各个设施，并且灵活运用闲置土地和商铺，对街区内部实施再开发的开发商。需要这种开发商的原因在于，如果委托给一般的不动产市场，土地的利用将不会朝着预期的方向发展。传统建筑会成为土地开发的绊脚石而遭到损害。从空置土地的利用方面上来看，这些地方也将会变成停车场或者是出租公寓。总之，必须要有一个具备一定建设意愿又能够具体实施能力的城建主体。另外，日本的城镇建设由于担心在不动产方面引发土地所有者之间的纠纷，谋求合理利用土地的事业就这样犹豫而被搁置了。鉴于土地所有和利用分割的问题，出现了城建企业这种公共性质的组织介入其中能否达成目标的疑问。或者可以说，如果这类企业能够吸纳来自当地商业街居民以外的资金支援，是否可以畅想象征自己城市的街区通过全体市民的参与和支援迈向重振之路。

在川越不断摸索的过程中[2]，有的城市在没有特殊支援的情况下成功建立了城建企业，这就是长滨市的株式会社黑壁。

---

1. 在一番街以外的区域中成立了株式会社城市建设川越，该公司现在对川越市产业观光馆（镜山酒造遗址）“小江户藏里”实行指定管理。
2. 地区规划顾问团（1988）。

关于黑壁的内容已经在“三种关键手段”的章节中进行了具体的讨论，这里将不再赘述。

### 源于英国的田园城市运动

黑壁成立的同时，海外各地也在用各种各样的形式开展着城建企业的建设。美国名为CDC（Community Development Corporation）和CBD（Community Based Developer）的非营利性开发商，获得了公共支援政策的支持，活跃在住宅供给和荒废街区的再生事业之中。追根溯源，还要回到一百年前英国城市学家埃比尼泽·霍华德（Ebenezer Howard）提出的田园城市理论。建设出足以把自然环境优良的农村和活力焕发的城市结合在一起的新社区，是田园城市的构想，实施开发的主体则是田园城市株式会社。该公司以5%的红利来筹集资金，在因经济不景气而导致地价下降的农村中寻求土地，从而建设城市并实施运营。土地和建筑物归企业所有，居民缴纳土地费用。田园城市株式会社通过地租的收入，支付土地买卖费用中产生的利息，为偿还本金准备了减债基金，在通常情况下负责自治体推行的公共设施的开发和管理，并把剩余资金投入到居民的福祉改善之中。而且，因开发致使地将上涨的部分（开发利益）归田园城市株式会社所有，继而用于事业的扩大发展。田园城市株式会社虽然是企业，但它成为半公共性质的第三领域法人，居民缴纳的土地费用具有地方税的特性被称为固定资产税土地费（Rate-rent）。它针对土地和农村问题的根本原因——把土地当作投机对象的资本主义形式的土地所有观念，以“地域社会共有”的方式进行了改革[1]。

霍华德推行的运动也在美国投入实践，例如芒福德等人早期推行的纽约郊外的阳光花园，就是由他们成立的公司作为开发商来运作的。这些公司保障投资者能取得一定的收益比例，并设置限额来满足维系社区和新型田园城市建设所需的资金循环。后来，它们发展成为在美国各地开展建设的非营利性开发商。

### 作为开发商而存在的城建企业

城建企业是由社区成员为实现社区的价值和目标而创立、运营的。城建企业利用商业手段在社区中进行必要的整备，负责协助在千篇一律的市场原理驱动下难以获得实际收益的普通企业或者是自治体不能很好运转的事业。尤其是在地区合并的推动下基础自治体变为广域，几乎无法期待能够在他们手中制定出张弛有度的政策投入到中心街市。不过城建企业并不是从这种扣分的方法中倒推出来的，为了保持社区的活力，我们必须要把依靠社区自身的原有姿态作为出发点。

此后，有关振兴中心街市中规划体系的重要性的讨论终于浮出水面，并出台了一系列的制度，例如街道建设企业制度（1989 年）、作为旧中心市街地活性法的 TMO（1998 年）、作为新中心市街地活性法的中心市街地活性法协议会(2006 年)等。此外，还面向区域管理制度进行了多次讨论。但是，很难

1. 霍华德（1965）。

说它们是否取得了丰硕的成果。其中有一个原因就在于，它们还停留在用区域来划分公共设施、管理和租赁老式不动产的模式，开展活动几乎是全部的工作内容。

尤其是在日本，是不能对土地问题这个中心街市衰退的重要原因视而不见的。关于土地问题的思考，必须要从两个方向深入推广必要的规划机能，遵循区域特质，贯彻落实社区和市场所需的事业布局，根据需求进行开发（空间的整合）的强有力的管理机能；全新打造前项内容所述的必要产业，并对其实施管理的机能。

理由有两点。

第一，土地所有者拥有土地利用的权限，他们的行动必然要跟街区整体土地的合理利用联系在一起。在人口增长、经济景气的背景之下，有发展意愿的人们来到中心街市寻找活动据点，使得新陈代谢异常活跃。但是一旦形势发生转变、进入了衰退，土地所有者除了自己使用的土地之外，对待土地利用的态度就会因出于对租赁风险的担忧而变得消极。作为土地权利人的店主只好关闭店铺，其中的一大部分因此成为闲置商铺。

第二，已有的建筑用地中难以建造能够迎合新型商业的建筑物。中心街市的土地中，基地面宽大多都是比较窄的。所以单独建筑楼房的话更容易形成基地面宽狭窄的“纸片楼”（“铅笔楼”“板状巧克力楼”“多米诺骨牌楼”）。这样的建筑中，二楼以上的位置难以作为商业床来进行有效利用，就连一同设置的住宅房也有向郊外寻求居所而不再使用的强烈倾向。所以，必须要把多个宅基地合在一起建造共同住宅，让大型专卖店铺能够进入更高的楼层，在商业区域上方设置公寓住宅。

不过，后者经常会因共同住宅使地基面积扩大而不被采用。共同化到底有没有必要，其实还是取决于商圈规模的大小。比如说，高松丸龟町商业街将多个建筑用地合为一体、建造共同住宅具有合理性，而适合长滨的则是要将町屋继续巧妙地利用下去。对于长滨来说，建造共同住宅是没有意义的，相反地，要互相调整墙面线、屋檐线、屋檐、中庭位置等要素，实施能够创造美丽街道和保护居住环境的“协调改造建设”才是重要的。

无论如何，都要根据街区实际状况以及城镇建设的目标，尊重“所有”并促进“利用”，实现共同化，在个别所有和共有之间构建一个“综有”的新型土地所有观念，这是非常重要的[1]。

在此基础上，如果要实施土地的共同利用或共同改造，那么基于城市再开发法的规定、有效利用街市再开发事业，或者灵活利用被称作任意再开发的优良建筑等整备事业，就是对于现阶段而言最为现实的选择。

## 3 通过新思维有效利用再开发制度

提到“再开发”，大多数人的脑海中出现的都是所谓的车站前再开发，又或者是以六本木 HILLS 和东京中城为代表的大厦

1. 平竹（2006）、福川（2013）。

型事务所为中心的，集商业、住宅、美术馆、剧场等公共设施以及酒店、影院、广场等复合职能为一体的大型都心再开发事业。事实上它们都是基于城市再开发法之下的街市再开发事业的实践，作为城市再开发法的绚丽“成果”得到大力宣传。

这里想要说明的是，再开发制度至少也要在与高松丸龟町商业街 A 街区的同等级别的街道型小规模渐进式再开发中进行合理利用。因此有必要改变对于“城市再开发”或“街市再开发事业”的印象，用新的思维方式来实施再开发制度。

为何一定要实行这项制度？因为可以有效利用以下三个内容：提供权利调整的结构；规避权利变换时不可避免的课税问题；具备丰富的补助制度。除此之外，还要有可以强制反对者顺应制度（或者是在强制措施的背景下促使对方达成协议）的优势，不过应该把这项强制措施当作最后的手段。这里，笔者倡导让各群体在意见一致的基础上，不涉土地所有权变更来开发共同住宅创造丰富的公共空间，促进再开发事业的发展[1]。

---

1. 再开发法中规定有单一设施建筑物用地须作为统一的建筑用地的原则（75 条），要保留已有的土地所有形态就必须获得施行区域内全体相关权利人的同意（全员一致型）。因此以下提案中的不改变土地权利的方式必须要取得全员的同意（通常情况下若有 2/3 的土地权利人同意，便可做出决定）。但是，2016 年的城市再开发法修正案中，制定了“不需将单一设施建筑物用地用作统一的建筑用地的特殊条款”（110 条中的第 4 条），无需统一纳入建筑用地的形式，在全员一致型以外的权利变换之中成为可能。全员一致型以外的权利变换指的是，基于城市再开发法的原则型（地上权设定方式）和 111 条特殊条款型（地上权非设定方式）。以下介绍的“新型再开发”与高松丸龟町商业街的再开发在当时必须以全员合意型的方式推进，不过在 2016 年之后也可作为原则来实施。

“再开发（Redevelopment）”原本是有多重含义的。它涵盖保存（Reservation）、修复（Rehabilitation）、更新（Renewal）这三个概念，整合空地进行楼房改建的“更新”不过只是其中的一层含义。然而在日本却只是使用了更新这一个意思，城市再开发法也是围绕开展更新事业而设立的法律。法律的第一条中写道：“此法律，旨在制定街市计划再开发相关的必要事项，以促进城市土地的合理、健全的充分利用，以及城市机能的更新，为公共福祉谋取福利。”城市再开发法是在1969年制定的。由于在构造上开发利益与事业经费挂钩，被称为站前系列的车站前再开发成为主体。相对于“必要地区”而言，街市只能成为“可能地区”的对象，这其实是对街市再开发事业的批判。不过法律在制定之后已经历经四十余年，在中心街市衰退和密集街市的整合延缓的形势之下，开始了制度的修正以及补助金的补充等，而这些都是我们必须要把握的。

首先，我们来看一看城市再开发法规定的街市再开发事业的基本内容。一般情况下，再开发事业大多都是通过土地所有权转换的方式进行的，具体内容如后文所述（P183图6-5上）。它的基本构造就是所谓的不动产等价交换。再开发事业是由土地权利人组成的街市再开发组合来推动的，所有者通过持有的土地和建筑的价值（借地的情况则是借地权的价格）进行等价交换，获得了新建楼房中的使用部分。这些部分称为权利床，交换过程又称为权利变换。事业费（最多为工事费）通过交易权利床之外的部分来获取。这些部分又称为保留床，简而言之获得了保留床部分的人负担着权利床部分的事业费，与此同时又获得了与保留床面积相当的土地中的区分所有权。保留床的获得者在保留床部分建立楼房与购买土地后建立楼房，在实际效益上其实是一样的。这部分内容就是等价交换的解释。

它与通常的等价交换的不同之处在于，街市再开发事业是作为一项正式的城市计划事业来推进的，通过“合理、健全、充分地利用土地以及城市机能的更新”，可以在事业费方面获得补助金的支持。而且，在权利变换的过程中出现的权利转移不会牵扯到税金。所以，土地的价格比通常情况下购买土地来建造楼房时低一些。补助金涉及调查设计计划费、清理费、补偿费和工事费，但并不是所有的部分都可以得到补助，以工事费为例，共用部分或者停车场的 2/3（具体为国家补助 1/3、都道府县政府补助 1/6、市政府补助 1/6）是可以成为补助对象的[1]。

如上可知，成败的关键就在于是否能找到保留床的买主。曾经的站前系列之中，买主通常都是被称为核心租户的大型流通企业。现在虽说土地的单价得到一些控制，但就连县政府所在城市中的大型流通企业，也处于进退两难的局面。就算真的能有百货商店或大型店铺加入，到最后因为倒闭和撤店只留下空架子（只有结构框架的建筑）的风险还是很大的。最开始预留了商业床的再开发事业，在进行途中寸步难行，不得不把其

---

1. 也有在满足一定条件下提升共同设施整备费用的补助率的制度。当下的 2017 年，“基于城市机能诱导区域内中心据点区域的合理布局计划而进行的事业”等将补助率提升至 4/5。其对象是曾经作为中心街市活化计划的，开发完成后的容积率不超过开发前 2.55 倍的再开发事业（“量身定制的再开发”）。

中的一部分改建成公共设施的例子也不在少数。无论如何，没有核心租户的商业床是不能过于庞大的。在一定规模的城市之中，那些有公寓需求的地方，或许可以将保留床的一大部分转换为分让住宅[1]进行销售。这种情况下，能否实现市场的价格就成为关键所在。

希望大家不要因为建筑用地的划分存在困难而在一开始就产生“不要进行再开发”的错误认识。比如与高松市级别相当的城市中的主街道，只依靠建设个别的商住两用住宅，无法满足城市中心相应的土地利用（土地没有得到有效利用）。虽说如此，正如前文中提到的那样，将个别建筑增高、建设纸片楼是没有未来的。纸片楼难以吸引大型专卖店进驻，也不能解决居住的问题。总而言之，共同化是存在合理性的。

问题在于，必须要契合城市的潜力来建造相应规模的建筑物，要让再开发事业得以成立，就必须把建筑规划和事业规划组合在一起。

但是，街市再开发事业，不可避免地存在大型化的倾向。这里希望大家再次回顾前面的框架。保留床的价格中包含了土地的费用。在土地价格上涨的情况下，为了降低单位价格中的保留床价格，就需要增加保留床的面积。这样一来，就会有难以利用和分配的过剩保留床出现的风险。建筑物变大的话，对环境和周边景观的影响也会随之增加。

低地价同样也不能避免过剩保留床问题的出现。地价越低，

---

1. 译者注：分让住宅是指以户为单位进行销售的住宅。

保留床的价格也就越低；相反地，为确保一定面积的权利床就必须要建造比它更大的保留床来进行分配。地价下降一般都出现在经济不景气的低迷时期，如此一来就还是会有难以利用和分配的过剩保留床形成的风险。另外，在这个架构（这里称为土地权利交换方式）中，土地权利人关心的是自身的资产究竟能够在新建楼房中换取多少平方米。因此要顾及土地权利人的心声，从这一点也可看出楼房存在着扩大化的倾向。

### 再开发协调协会的建议

当然，这些街市再开发事业中出现的问题一直以来都被关注着。2003年（平成十五年）5月，再开发协调协会总结出了《关于新型再开发的发展的建议》。首先，将有关“迄今为止再开发呈现出的姿态”的内容概括如下。

· 在所处位置和收支核算中具有优势的一部分地段，如0.5公顷左右范围中推行再开发事业、实现高容积。

· 只在某一地段体现和吸收地域的潜力，会使得周边地域的再开发事业难以推进。比如将整个区域中的住宅供给可能户数设定为100户左右，那么在最开始进行的事业中就会将其消耗殆尽。

· 事业组织依靠过剩建筑部分的大规模处置来维持，连同土地一起进行销售。

· 有大范围用地需求的核心租户的动向，对再开发事业和建成后的建筑经营有很大的影响。

“迄今为止再开发的构造方法”，对于造成这种局面的原因进行了以下说明。

·把风险转移给取得或运营过剩建筑部分的第三者。

·大原则是遵循区分所有法实施管理。利用方式的变更关乎未来的翻新建设能否顺利开展。

·回收过剩建筑部分的价格中包含土地费在内的整体事业资金的构想。结果土地价格问题突显。

上述内容对目前为止的再开发（土地权利变换方式）进行了概括，然后又通过以下内容描绘出了“新型再开发的理想状态”。

·不是在一部分地段建设大型设施来耗光地区的潜力，而是要通过中心街市的整体来利用这些潜力。

·连续开展多项事业，有效地激活地域的潜力。比如将整个区域中的住宅供给可能户数设定为100户左右，就需要用多种方式来推动再生事业的实现。

·建设和经营不能依靠核心租户和行政手段，而是要促使从前的土地权利人共同出资建立“城建企业”来运行。

·在整个街市中分散配置养老院、介护所、保育所等较小规模的设施，给有老人和小孩的家庭配置适宜他们居住的住宅，重振热闹的中心街市。建立这些设施是要为无力负担高额租金的人们提供居住条件，并要把它作为一种方案。

旨在实现这种再开发的“新型再开发的构成方式”如下所述。

·土地权利人共同承担风险的构想。

·城建企业的所有方式是一体式的，其所作决策让修复成为可能。

·把只回收建筑费用的经营理念作为大原则。土地价格问题得到缓和。

## 高松丸龟町商业街的再开发方案

高松丸龟町商业街 A 街区的街市再开发事业几乎是跟再开

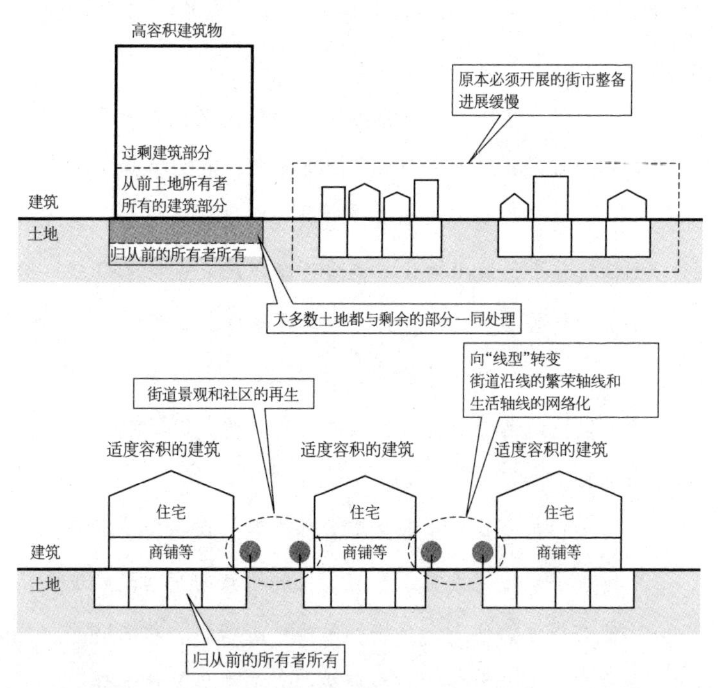


图 6-4 再开发固有的思维方式（上）与新型思维方式（下）

出处：再开发协调协会（2003）

发协调协会提出的建议同时进行的，详细步骤如下（图 6-5），将这个建议具体呈现出来。

·再开发组合遵循城市再开发法的规定，推进街市再开发事业的开展。权利变换这个再开发事业的基本问题，转变为土地与土地之间的权利变换（变更后的土地按照原有划分）。

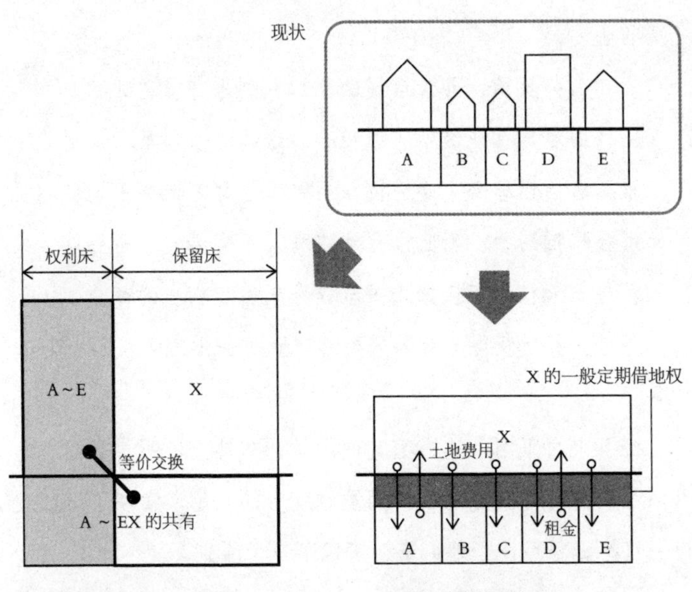


**迄今为止的再开发的构成方式**

· 基于土地权利人出售一部分土地来换取新建楼房的构想。
· 由外部来处理过剩建筑，即把风险转移到取得或运营过剩建筑部分的第三者手中。
· 回收过剩建筑部分的价格中包含土地费在内的整体事业资金的构想。地价问题凸显。

**新型再开发的构成方式**

· 土地权利人持有的所有权不会发生变更。
· 由土地权利人成立的城建企业进行建筑物的配置，主要通过租赁收入来回收资金。
· 立足于土地权利人共同承担风险的构想。
· 城建企业是一体式的运营模式，其所作决策让修复成为可能。
· 因为把只回收建筑费用的经营理念作为大原则，所以地价问题得以缓和。

图 6-5 迄今为止的再开发的构成方式（左）和新型再开发的构成方式（右）

·对先前建筑的补偿，需要以所有权向新建筑变更为条件。但是，不指定权利床的位置，而是把共同持有部分作为权利床的范围。

·由商业街和权利人等出资建立的城建企业从再开发组合手中购入保留床（附带定期借地权），并运营和管理包含权利床在内的整体设施。

·土地权利人向城建企业收取的土地使用金以及租金。

·相反地，开设店铺的土地权利人与普通的租户一样向城建企业缴纳土地租金。缴纳的金额虽然也要根据店铺面积来决定，但租金基本上是可以跟土地使用金相抵消的。因此，土地权利人不需要支付租金就获得土地权利变换方式中与权利床面积相当的部分。不过，其所获得的部分需要遵守城建企业的管理。

接下来对采用上述方案的理由做一些补充说明。高松丸龟町商业街的再开发克服了再开发制度中的不足，实现了城镇建设的目标，重点在于他们坚持了以下三个原则。

第一，创造对新建设施和商业街实行统一管理的环境。确立了可以同时对再开发楼房与商业街进行整体管理的体制和财政基础。

第二，提升再开发事业的稳定性，为导入欠缺业种等做出最大限度的努力。合理控制租金价格，构建理想的商户结构。

第三，以商业街和土地权利人为主体开展再开发事业。把商业街和土地权利人作为主体，战胜商业街开发意见难以达成一致的困难，组建合理的事业方案。

第一点想实现的是避免因土地权利人主张、自由使用权利床而导致杂居楼房出现，让设施整体处于优质的管理之中，构建恰到好处的卖场，定期实施外观改造。第二点想实现的是合理控制租金价格，构建理想的商户结构。为此，必须要让租金不体现出高昂的土地价格。第三点想实现的是以商业街和土地权利人为主体，攻克意见难以统一的困难，组建起合理的事业方案。

其中，现实里也存在的较大的问题，是实现第二点所必需的不让租金体现出土地价格。高松地价最高的时候是1992年，此后也一直维持在高水平。要减轻地价对再开发事业的影响，只需土地所有者在自己的土地上建造房屋，并且自己经营打理。虽然会产生保有税，但比起贷款买地来说花费要低得多。不过让他们在各自的土地上单独建设，就会出现一直以来效率低下的纸片楼。为了摆脱这种困境，就需要多个土地所有者聚到一起建立共同楼房。如此，就形成下述内容中的共同改建的构想："我们大家已经拥有各自的土地，所以没有必要再去购入新的土地。不过，要建造的是共同楼房，而不是各自兴建纸片楼。只要建设资金能够获得政府的支持，就可以实现为市民设立的广场和低廉的租金，还可以导入欠缺的业种。只要这样做就一定会取得成功。”这个思维方式贴合了土地权利人们不想放弃土地权利的这种共通的意愿。

从第一点的原则中可以得出，为了对新建楼房实施综合管理，土地权利人等设立城建公司、购买并经营保留床。土地是城建企业从土地权利人手中借入的，不过只要能够设定适当的土地使用金，就可以压低土地方面的支出。城建企业有效地利用了上一节内容介绍的街道建设企业制度。也就是说，土地按照原来的划分方式（土地之间进行权利交换），城建企业在得到补助金和高度化资金的支持后就将其收归所有（城建企业购入保留床），对包含权利床在内的设施实行运营。对于新建楼房有经营意愿的土地权利人虽然需要支付租金，但在土地使用金和租金相抵的面积之内就可以像对权利床一样进行使用。

这里会出现一个问题。借地方式中，借地权的设定会产生权利金。权利金通常都是地价的 70%，如若实行，那么土地花费跟购买土地的方式是不会有太大差别的，这会让事业回归原状。压低权利金甚至不产生授受关系的契约也有可能存在，但是此时如果不设定“与之相当的土地使用金”——高额土地使用金（根据地区不同会有所差别，通常是基准地价的 6%），就会被认定为土地已发生转让并成为课税的对象。虽然支付土地使用金的方式可以减少支付金额，但在高地价的背景下，也还是避免不了地价所带来的影响。在验证各种摸索道路的过程中，灵活利用当时正在完善的定期借地权制度的方式浮出水面。只要利用这项制度，就可以自由地设定土地使用金。而且当时的研究已表明，利用信托制度就可以从根本上解决问题。居民作为主体的开发之中，比起把土地利用委任给他人的借地权方式，无论是从思维方式上还是从结果的具体构成上来看，信托制度都要更合适一些。由于没有先例，最后还是选择了能够预料的依靠行政手续等就可以顺利推进的借地权方式。但是，正如后文即将说明的内容，城建企业和土地权利人之间的契约采取了无限接近信托制度的思维方式。

再次稍作整理，商业街成为再开发事业的主体，这使地价对原始建筑成本的体现可以降到最小的程度。由于极力抑制地价问题的突显，事业的收支核算有所改观。同样地，抑制对租户征收的租赁价格，使欠缺业种和收益性较低的社区经济等导入成为可能。实现开发完成后的综合管理，通过商户的组合和适当的管理，就可以避免再开发建筑中容易产生的杂居楼房的出现。这为想要继续经营的人们提供了可能，出租房屋的土地权利人还能收取相应的土地使用金和租金。

但是，这个方案的本质，在于土地权利人的资产要委托给由他们出资建立的公司运作。土地权利人持有土地，资产的运作交由城建公司，运营收益通过土地使用金的形式来收取。这个运营收益换言之就是收益率。另一方面，从城建企业的角度来看，向土地权利人支付的运营收益或者是土地使用金，成为再开发事业的运行成本。城建企业并不是只属于土地权利人，很多时候商业街振兴组合和自治体也是它的股东，城建企业是接受公共资金支持而背负社会使命的。我们希望权利人不只是看到自己的权益，还要在兼顾街区的整体利益乃至商业街和高松市的整体利益的基础上采取行动。反过来说，考虑全体的利益就可以保护个人的利益和资产。这其实就是原则Ⅲ“以商业街和土地权利人为主体开展再开发事业”的基本含义。

关于以上内容，这里要引用杂志《新城市》2003年1月号中的一篇文章的某些部分来进行说明，文章的作者是高松丸龟町商业街振兴组合常务理事明石光生[1]。这篇文章是他在A和G两个街区组合设立被批准的时候写的。

> 我如今回想起来才意识到，商业街最重要的就是新陈代谢。连续几代人经营的店铺也在迎合时代，为了生意历尽艰辛。如果没能成功，就只好把土地和商铺交给更加善于经营的人来使用。现在日本的商业街中闲置商铺增加的原因之一就在于，土地和商铺并没有得到很好的利用。另一个原因在于，有经营意愿的人和想要守护资产的人的利益没有得到很好的处理，商业街的活化迟迟没有进展。土地只有得到有效利用，才能符合大家的需求，其实也是为了满足权利人的利益。所以丸龟町也采取了让权利人投资建立城建企业的思维方式。在大型商铺纷纷撤退的今天，除了大家一起投资之外，再也找不到有效的投资方了。虽说如此，到底能有多少回报又是很重要的。如果投资额以先前资产（土地＋建筑物）、收益率以年度租金收入额的总数来计算，我们正以3%～10%（平均6%

1. 明石（2006）。

左右）回报的目标积极准备开发计划。不动产的时价以收益返还型进行评估的话，不动产投资相关的返还收益率是 4% ～ 7%。因为一般情况下不动产发行证券是处在 3% ～ 5% 的水平，所以我们希望能够有这种程度的回报。

实际上这些回报率是我们大家一起设定的。权利人希望尽可能多地获取土地使用金，而城建企业又希望能减少作为运行成本的土地使用金，我们通过全员参与的研讨会的形式模拟了事业的收支核算。这样一来，总之是把一直以来暗箱操作的权利变换的过程变得简单明了，不但提升了事业的透明度，还消除了土地权利人之间长期存在的不公平的感受。

## 4 制度的应有形态

高松丸龟町商业街再开发的方案具有普遍性，可以在各式各样的地区之中应用推广。但是，现在的制度跟当时相比有了一些变更，有必要对新办法和新制度进行探索。

高松丸龟町商业街再开发的资金调配依存于四种制度。街市再开发事业、基于《中心市街地活性化法》的战略补助金、中小企业基盘整备机构的高度化资金，还有虽然在全体事业费中占比不高，但为了购买转出者的资产设立SPC（特定目的公司）而成立的基金。其中，战略补助金已经被废止，名字也改为中心商业街再兴补助金、地域和街区商业活化支援事业费补助金，与此同时还被限制了用途，预算额度也大幅减少。另外两个制度因有一定的历史渊源相对稳定，但新制度的波动却很大。

总的来说，没有必要改变高松丸龟町商业街再开发方案的基本框架，不过在资金调配方面，必须要对新办法和新制度进行摸索。笔者负责的项目中，石卷中心街市的复兴再开发正好就面临着这个问题的考验。石卷是怎么克服这个困难，或者说怎么为克服困难做出努力的，这些内容将留到第7章中去论述，这里就稍微笼统一些，对制度的理想状态进行一些探讨。

## 官民间的最佳组合在何方？

从前文引用丸龟町商业街常务理事明石光生的文段中，我们可以看出，高松丸龟町商业街再开发的预计收益率为所有资产的6%。简而言之，这个再开发事业对于投资者来说并不差。能够让这个收益率成为可能的理由在于，前述内容中的扶助金和免息融资使建筑价格得到抑制，商户入驻、城建企业的收益得以提升。但与此同时要注意到补助金同样获得了回报。

丸龟町商业街再开发事业每年带来的税收是3.9亿日元（固定资产税、法人税、所得税、消费税的合计金额，约2190万人民币）。由于把再开发之前的税收试算为每年1.1亿日元（约618万人民币），所以每年的增加税收为2.8亿日元（1573万人民币）。针对投入的补助金的收益率是6%，补助金也跟其他资产一样能够获得相同的回报。把补助金当作一种投资的话，它其实是一种可以获得相应回报的投资。换言之，可以这样认为，一部分资金的调配能够取之于民间。

让这一内容得以实现的是，第四项的资金调配，即 SPC 成立的基金。SPC 的名称是“高松丸龟町社区投资有限公司”。SPC 的资金吸收了中间法人的出资、投资者的匿名组合投资，以及第二地方银行的无追索权贷款，买入了转出者的资产。匿名组合出资的主要力量，则是民间城市开发推进机构出资成立的城市再生基金投资法人。

在日本，商业街的再开发资金要从民间获取其实并不容易。虽然是想要寻求对地域资金的投资，但实际上几乎都是把安全有利的外部运用当作了目标。但是，由于有城市再生基金作为启动源泉，积累地域资金取得了成功。取代补助金实行资金调配，虽然要期待从民间吸收资金，但也可以说政府自身的先导是必不可少的。我们要有效利用充当起动机角色的政府资金，创造一种在地域中获得利益并再次投资到地域中去的循环，使其成为一大战略。

如上可知，制度设计中一个最基本的课题就是，怎样去思考和组建官民间资本的最佳组合。

公共资金的运用要到什么程度，又该从何处开始委托给民间资金，这里需要对其进行重新梳理。职责的划分基本上是这样的，在民间事业者具备开展活动的条件之前，都归公共资金负责，在此之后的开发则由民间来发挥作用。在必须实行再开发的地区，依靠纯粹的民间事业推动开发存在各种各样的障碍，消除这些障碍就需要公共责任的发挥。制度的设计要根据这一原则来推进。

美国的再开发清晰地贯彻了这种思想。美国从拆除旧建筑到规整建筑用地，都是通过公共资金来实施的（“减灯”），此后的开发则是把城市开发后的收益和税收作为担保，通过发行债权等来筹集资金（TIF，Tax Incremental Funds）。希望大家能够留意到，后者也有公共的干预。不过，它不是补助金，而是寄希望于增加税收获取回报的基金。（基金是运用收益、利息，期待投资实现收益的资金。原则上不寻求返还原本资金，这一点不同于融资。如果能确保运用收益，就可以确保能够通过转卖收回原始资金。但是，地方城市中，在成立基金的一定时间之后，想要卖出足以兑现利益的价格就比较困难。人们希望基金能够像海外的年金基金运用的内容一样，提供低利息而长期的资金支持。）

当然，美国和日本不一样。我们期望的不是把既有土地权利人一扫而空的美国式再开发，而是主要以土地权利人构成的社区为主体推行的再开发。城市再开发法也是在这个前提下制定的，土地权利人组合成为事业主体，通过权利变换的方式保全既有土地权利人的权利，用这种独特的手法推进再开发的实施。不过，美国的方式对于整理思路来说是有帮助的。

首先应注意到的是，基于城市再开发法的街市再开发事业，是面向一直以来的土地利用相关权利关系的梳理，以及对建筑物等的拆除和补偿，还有必要时进行的城市基盘整备和停车场等设施的配置，这些都相当于美国“减灯”的进程。而街市再开发事业中，再开发组合建造楼房并实施配分，所以难以找出美国方式的踪影。

其次应注意到的是，日本的城市再开发法是在街市再开发事业建造的楼房足以找到买家的前提下制定的。高速发展期姑且不说，实际上这种事业模式除了公寓楼之外，只有在大城市的市中心才能得成立，新的资金调配的摸索是不可避免的。所以，高松丸龟町商业街再开发，依存于中心街市活化法框架之一的战略补助金，以及中小企业基盘整备机构的高度化资金。至于高度化资金无法实现资金调配的部分，依赖于补助金是存在界限的。要吸收民间的资金，就必须要为民间筹款创造环境。成为启动源泉的官方基金是一个解决办法，但要求在数年之内返还原始资金等的出口战略，还是难以解决的课题。

### 缺口融资

这里要尽快补充说明一下，我们并不是不需要直接的公共投资。实际上，把开发价值（开发成本）囊括到城市的不动产价格（终端价值）之中的高松，就是一个具有优势资源的案例，因为高松具有作为县政府所在城市的经济潜力。但是，多数地方城市中的情况比较严峻，即便建造了楼房，其中的开发价值也是要高于不动产价格的。这种情况下，就必须有公共资金的投入来填补这个缺口。基于这种思维方式下的公共资金的投入，被称为缺口融资。

缺口融资是英国城市开发中使用的方式。再开发所需的成本（包括合理利润），如果要比根据开发后获得收益倒算出的不动产价格更高，那么这个差额就由公共资金来弥补。通常情况下不动产投资难以维系，但在城镇建设重要的场所之中，它是可以让依靠民间进行不动产开发变为可能的措施。

希望大家不要有“不在这类城市中进行开发为好”的错误认识。这部分内容结合建造共同住宅的高松丸龟町的案例进行了说明，该原理也适用于像长滨那样对街道实施修复和振兴的案例。

## 小规模渐进＋缺口融资＝可持续

将缺口融资和小规模渐进式再开发相结合，就能够期待持续振兴（图 6-6）。正如再开发协调协会的建议以及高松丸龟町的再开发事业所体现出的那样，要收缩每一个再开发事业的

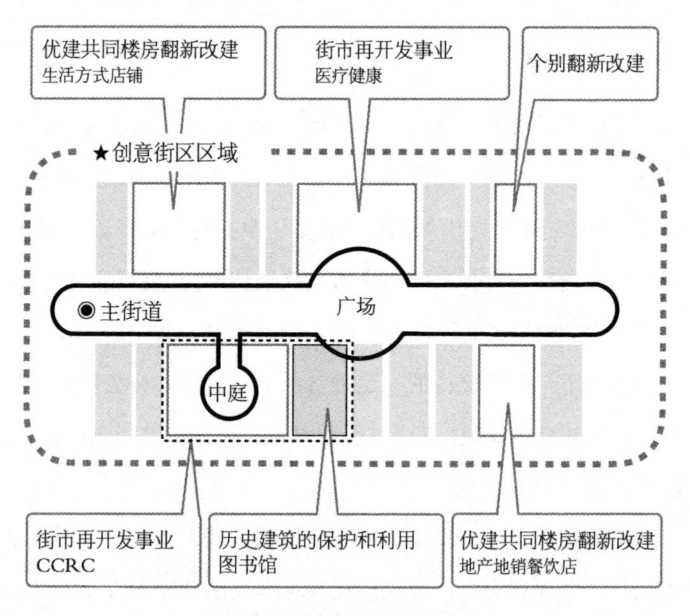


图 6–6 小规模渐进式开发的形态

示例的具体用途是希望在创意街区中具备的机能，图中的“优建”是优良建筑物等整备事业（任意再开发）的简称。

规模。然后，通过开发提升地区的市场价值，缩小与下一次开发间的差距，最终达到不动产价格高出开发价值的状态。如此一来就能期待对可持续的城市新陈代谢（图 6-7）。当然，这种再开发是在广义上具有修复含义的再开发。为此，要甄选区域使开发的单位小规模化，在城建企业主导的区域管理之下，实施渐进式开发的战略和组织的构建是不可或缺的。

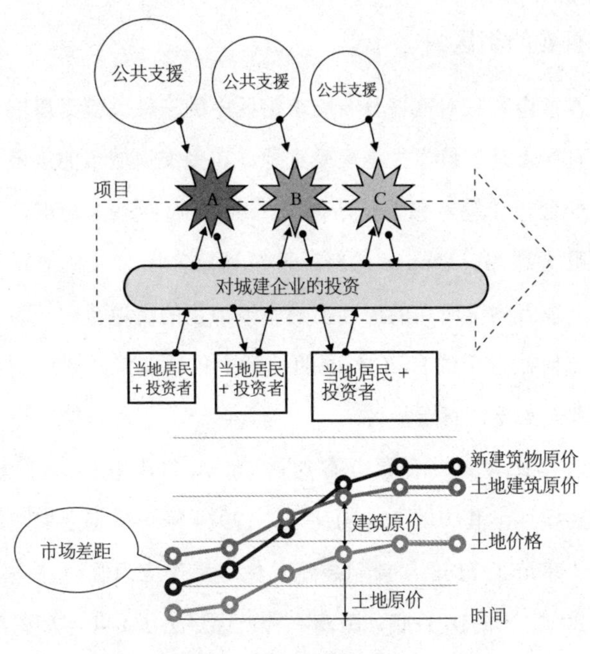


图 6-7 引导资金循环的形态

# 第7章 案例研究：石卷创意街区

## 1 目标与方针的思考

### 石卷的街区

本章内容将对宫城县石卷市街区中的三种关键手段展开探讨。石卷市是东日本大地震受灾地，在受灾地城市的规模中仅次于仙台市。笔者想要指出的是，以JR石卷站为起点，把途经立町大通路、Itopia通路、寿町通路，以及从桥通路开始到石之森万画馆所在的旧北上川中濑为止的街道范围作为主街道，如何在这个约有20公顷的地区中集结能量，通过创意街区的方式来推进石卷复兴。

地震灾害中，石卷市有约占76.6%的住宅、56687栋房屋遭到损坏，其中约35%的住宅、19974栋房屋完全摧毁。此后，共建造了7153户预制装配式住房用作应急临时住宅。现在是2017年的10月底，距离灾害已经过去了6年半的时间，在这些住宅中共有1354户入住，入居者人数为2681人。另外还有约5000户“判定临时住宅”（民间租赁住宅），其中的1112户房屋中共有2546人入住。“无家→无工作→石卷消失”的恶性循环渐渐地得到改善。但是，石卷的人口从地震前的163200人变为146500人，减少了16700人，现在还以每年减少超过 1000 人的趋势在持续下降。其中，向内陆移转的措施促使蛇田地区的人口在此期间增长了约 5000 人，同时也造成其余地区人口的减少。蛇田地区是郊外区域，配置了住所却没有产业，难以形成“盖房子→有工作→重振石卷”的良性循环。

石卷位于北上川河口的交通要塞，从江户时期开始就是一个极其繁荣的历史城市。石卷的历史样貌可以从幕末时期描绘的石卷绘图中一探究竟。关于图 7-1 的绘图，石卷大酒店二楼的墙壁上绘制有多个复制品，任何人来到石卷都可以去进行阅览。该绘图描绘的是现在石卷中央一带（当时的中町）的妻入口悬山式町屋和土藏鳞次栉比的情景。酒店附近还是仙台藩的铸钱场。从明治时代的绘图中我们可以看出，妻入口悬山式町

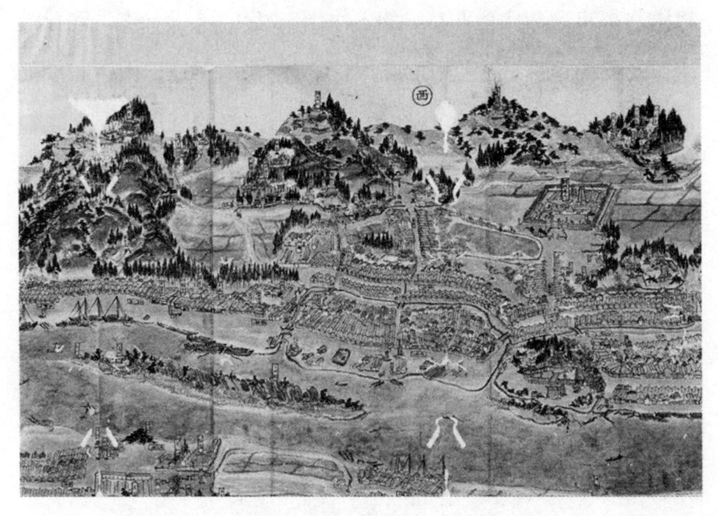


图 7-1 石卷绘图（幕末、局部），被运河环绕的中町

出处：东北大学附属图书馆藏。

屋似乎已经变成和其他城市一样的平入口悬山式町屋[1]。早在震灾之前，因为商业街的“近代化”，几乎失去了这些具有历史价值的町屋，而这次的震灾更是让它们完全不复存在了。不过，我们依旧能够在细长的建筑土地和街道之中去找寻它们的余韵。

首先需要明确的是，在这次地震和海啸中蒙受了巨大损失的并不是这些历史地区，而是在“二战”后进行了扩建的街市。下面的组图中，先是在今天的地形图中标注了浸水区域，再把同样的区域放到1912年（大正元年）的地形图中来做对比，同时还附上了灾后拍摄的航拍图（图7-2）。

虚线部分是2005年的人口集中地区（DID），与大正时期相比，街市区域大幅扩大。从航拍图中我们可以看出，除丘陵地带之外的地区几乎全部受到海啸的侵害。不过，大正初期的中心街市受到的影响，要比“二战”后扩建的区域小。从现在的地图中可以看出，“二战”后扩建的街市部分，街道景观在灾害中毁于一旦。这些地方基本上都是经人工填埋水田和河堤而形成的低海拔土地，在新街市建成后依旧保持低密度、低利用或未利用状态的土地也不在少数。

接下来我们更加详细地回顾一下石卷自明治以来的城市化历程（图7-3）。第1章中曾介绍过日本的多个城市基于从前的产业政策和国土计划开始了探索城市化的进程，而石卷就是其典型。

1. 足立、榎本、玉井（2005）。

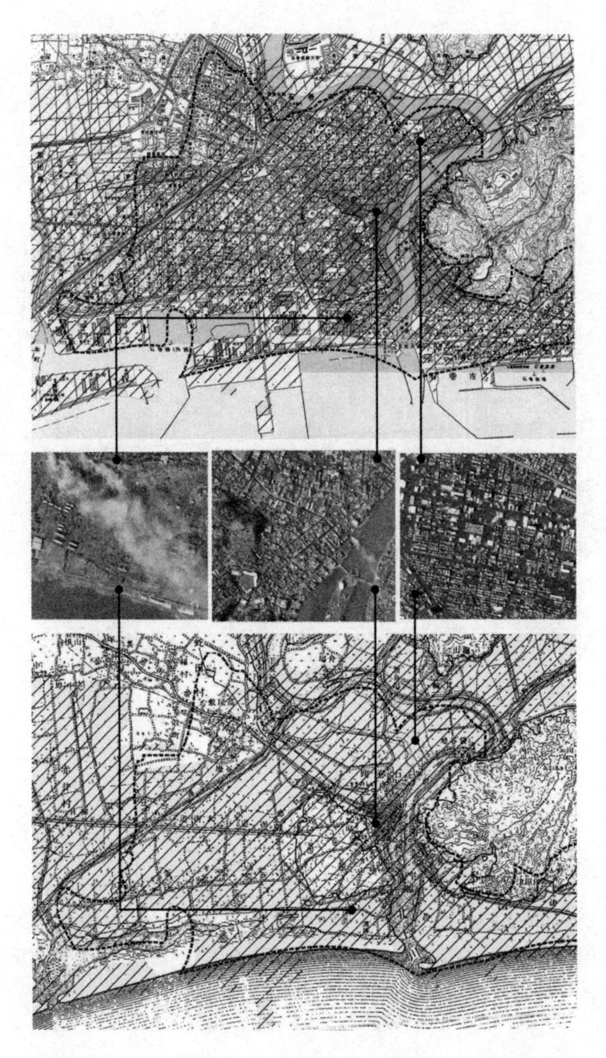

图 7-2　石卷的现状（上）和 1913 年（大正元年）的地形图（下）、各地区的受灾情况

斜线部分为浸水区域，虚线部分为 2005 年的 DID。

航拍图出处：国土地理院，地图・空中写真阅览服务

地图出处：上：国土地理院 1/2.5 万地形图・石卷（2011 年测）以及渡波（2000 年测），下：《日本图志大系 北海道・东北 II》P.312，原型是国土地理院 1/5 万地形图・松岛（1913 年测）以及石卷（1914 年测）

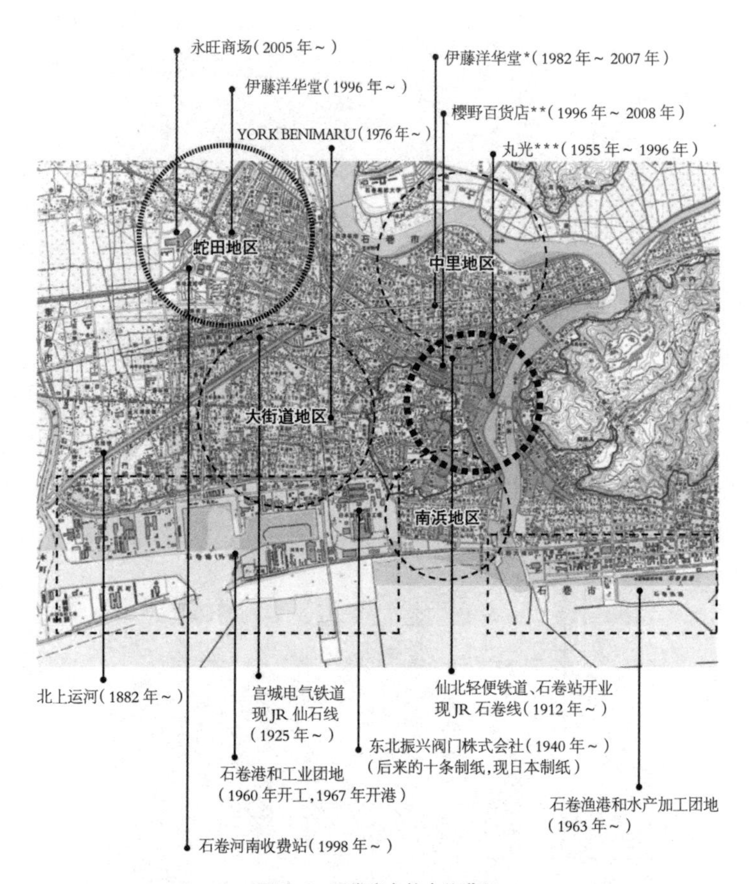


图 7-3　石卷街市扩大的进程

* 伊藤洋华堂退店后由 YORK BENIMARU 进行经营。** 樱野百货店开店时为石卷 VIVRE，2002 年开始变为了樱野百货店。*** 丸光 1967 年从桥通路搬到中央二丁目，闭店时为 DARK CITY 丸光。

地图出处：同图 7-2

石卷以北上川河口港为中心发展而来，1962 年（昭和三十七年）在新产业城市建设促进法的背景下实施地域开发，使其变为近代港湾与工业城市，与原有面貌大不相同。石卷以新产业城市仙台湾地区的北部作为据点，面朝石卷湾进行了近代港湾建设，周边地区又整备了工业用地，工厂进驻其中。旧北上川对岸（东方）的沿海地区还设置了石卷渔港、水产加工团地以及批发市场。

这一时期是“二战”后石卷中心街市的鼎盛期[1]。各大银行在那里设立支行，还出现了百货商场和大型店铺，商业街中的人群熙熙攘攘。但与此同时，城市的郊区化开始了。

街市向着旧街市北边建设了道路迂回的中里地区、连接仙台主干道沿线工业团地背后的大街道地区以及面朝海洋的南滨（门胁）地区扩张，甚至还扩展到外侧的蛇田地区。而这些地区过去都是水田或者低海拔湿地。1998 年，蛇田地区外侧紧邻的三陆自动车道石卷河南收费站开始投入使用，大型店铺纷纷建立在它的周围。2005 年，永旺石卷东购物中心开始营业，它的出现给石卷中心街市带来了致命一击。

2008 年春，石卷站前的樱野百货店石卷店陷入了闭店的窘境。它的前身是 1955 年设立于旧北上川沿岸中央二丁目的丸光石卷店。1966 年该店铺在石卷站前开设了新店（当时叫作石卷VIVRE），那是一栋带有立体停车场的粉色涂装建筑，也是曾经石卷中心街市的象征。闭店之后，该建筑捐赠给石卷市，后来变成不多见的经百货商店改造而成的市政府办公楼。如文脉所述，石卷的中心街市早在震灾之前就已经出现了闭店潮。

随后便是震灾，海啸在一瞬间就缩短了闭店潮的进程。本

---

1. 当时的照片可通过“石卷街区情报局”的官方网站进行浏览。
http://www.ishinomakimatinaka.com/石巻の中心市街地（商店街）の歴史について/

书写作时间是在震灾过后的第六年，中心街市中重新开业的店铺停留在 20% 的程度。

但是，就海啸灾害而言，对比“二战”后扩建的街市，尤其是面向海洋而建的那些被一扫而空的地区，旧城镇承受的损失相对来说要小一些，有些地方甚至只是受到地下浸水的影响。在这一点上，内陆地区的新街市也处于相同情况。但是，毫无疑问，街市浸水区域的大幅扩张，出现在扩建后的郊外区域之中。

从此，人口开始减少。而事实上，人口的减少早在震灾之前就已经发生了。根据人口普查的结果，石卷市的人口在 1985 年到达顶点，为 186578 人，震灾前的 2010 年人口为 160826 人，2015 年的最新数据为 147236 人，并有预测显示石卷人口将在 2040 年至 2045 年间跌破 10 万人。而这正好就是 1920 年（大正九年）的人口数量，那时的街市规模如图 7-2 所示。

中心街市中人口的减少则更加显著。对比 1988 年的 3980 人，2014 年的人口减少到 2777 人。家庭数也从 1495 减少到 1330 户。1886 年（明治十九年）石卷的人口为 16618 人，因为笔者认为会有相当数量的人口居住在街市之中，所以现在中心街市的人口数应该不超过当时的 20%。但是不能把当时那种低水平的居住环境放到今天来比较，所以这里还要另行计算。中心街市活化基本计划范围内的中心街市面积是 56.4 公顷。其中，除去道路和开放式公共空间，可用作住宅区的面积还剩一半，即 28.2 公顷。即便是只在这一半的土地中推进再开发，以 130 户/公顷的标准来看，也能够为 3000 户家庭、约 10000 人提供便利舒适的居住空间。

也就是说，石卷的第一条教训是，街市的进一步扩建自不必说，但继续维持扩建至今的街市区域是不合理的。

然后是第二条教训，石卷作为传统地域开发模式的产业城市模范，其工厂的存在虽然依旧具有重要意义。但要迈向新时代，已经不能期待它们成为维持和发展石卷经济社会的力量了。石卷商工会议所会长浅野亨就石卷的复兴提出了以下诉求：

① 海岸线大规模工厂的正常化；

② 再建全国一流的水产加工团地；

③ 中心街市的再兴也是不可欠缺的。浅野的言论可以说是直击要害。

由此，创意街区的模式登上舞台：

① 在采取一定的安全措施的基础上恢复从前的街区样貌；

② 促进人口和企业向街市迁移；

③ 在街市中打造基柱产业，实现生活方式的品牌化，这些手段成为基本方针。

实际上，石卷市复兴整备计划兼顾了中心街市和郊区。计划的目标⑤指出“为确保非可居住区域中受灾者的居住环境，在受灾概率较低的内陆地区形成一些新的街市”，从此蛇田地区推进了共 87.6 公顷的土地区划整理事业，以及 1000 户复兴公营住宅的建设事业。另外，目标③指出“位于旧北上川河口位置的中心街市区域中，要以与河川堤防为一体的城镇建设为基础，致力于集结商业和居住等各种城市机能，打造出繁荣的新生中心街市”，目的是为了重振中心街市。

目标③是这样实现的。市政府办公楼由原来的百货商店改造而成，保留在中心街市，在与其相邻的地方建设了市立医院（2016 年 9 月开放）。道路方面，除了旧北上川桥梁的更新之外没有其他的整备计划，区划整理也只是限于一部分。河川堤防在最低点为高度 4.5 米的议项中达成一致，建设得以实施。作为旅游观光的焦点，同堤防连为一体的生鲜市场在计划中被提出，2017 年 6 月“石卷元气市场”投入运营。然而，行政的先导作用只能发挥到基础设施和公共设施的建设阶段即止，虽然对复兴公营住宅实施了规划，但街道的再建之后基本上都交到市民和居民的手中。这恰好迎来了创意街区模式的登场，这里也成为检验创意街区力量的舞台。

## 迄今为止的经过与现状

距离震灾已有 6 年半的时间。石卷市有 3 个区域已经完成街市再开发事业，而在以中心街市为核心的地区，为推进 7 个区域中协调、一体式的小型再开发（优良建筑物等整备事业），我们还在进行着不懈的努力。此外，有 3 栋复兴公营住宅建成，河川沿岸的生鲜市场也开始着手施工。

其实在它们的背后，笔者和城所[1]（后文简称“我们”）从一开始就参与到两个街市的再开发事业以及一系列的小型再开发工作当中。至于三种关键手段是如何开展的，在详细论述之前，我们先来回顾一下过往的经历。

1. 译者注：本章由福川担任写作，这里指两位作者共同参与的部分，后文中简称为“我们”。

株式会社城市建设MAN-BOW在石卷市遭受震灾之前就已经开始活动了。该公司旨在以“石之森万画馆”为核心设施开展“充满活力与热闹的城市建设”，是基于1998年最初的《中心街市活性化法》，作为TMO（Town Management Organization）在2001年（平成十三年）成立的事业实施型城建企业。在石卷中心街市通向复兴的道路上，首先担当核心力量的就是这家公司。

在震灾过后不久的2011年5月，以城市建设MAN-BOW、商工会议所、中心街市商店经营者等为中心，推动了街区复兴会议的开启。会议在遭受灾害的中心街市中设立了据点“石卷街咖啡”，就复兴的城市建设交换意见和信息，积极地推动了由专家和高校人士组成的学习会的举办。

在此趋势下，有多个街区设立了各自的城镇建设研讨会，就具体的规划问题进行了讨论。2011年12月，为促进这些个别的研讨会之间产生联系，推进中心街市的综合性复兴建设，“紧凑型城市石卷·街区创生协议会”成立了。该协议会会则的第二条（目的）如下所述。

> 本会就石卷市中心街市的复兴与整合的问题，通过土地权利人等相关人员及团体的协作来展开综合性的探讨，以应对今后将更加严重的人口减少和少子高龄化问题，旨在创造可持续城市建设的最尖端模式，致力于推进富含石卷式景观、历史文化的街道和城镇建设，为地域发展做出应有贡献。

协议会的役员会由石卷市一直以来支持城镇复兴建设的专家和高校人员、商工会议所与当地非营利性机构的代表组成，在探讨具体规划的组织方面，协议会还设置了街道部、事业推进部和生活方式品牌化部。这三个部门显然是分别契合三种关键手段的，而且各部会之间通过积极的融合取得了一些成果。

街道部在东北大学姥浦研究室的支援之下，成为街区整体理想样貌的探讨之所，在号召居民广泛参与的同时，制定街道建设的基本方针与地区规划的方针等事宜，多次开展研讨会。其中，先是总结出了《街道建设的基本方针》，又在 2012 年 4 月提出了更加详细的设计规划方案《石卷街道建设指南》[1]。

生活方式品牌化部会聚焦于石卷的居住和特色物产，对“石卷式”进行了商议、发掘和打磨，为向全国乃至全世界释放出“魅力”物产的信号，当地生产业者、设计人员和创意工作者也加入其中展开了探讨。该部会还有更加具体的目标，就是利用再开发中建成的建筑，推动生活方式关联店铺和设施的开展。

事业推进部与实际决定再开发实施的三个区域（后来因中央二丁目的增加变成四个区域）中的土地权利人一起，就建筑设计和事业规划进行讨论，为能够尽快提供住宅而积极地开展合作。

其中最先开始实施的项目是“中央三丁目一番地区第一种街市再开发事业”，于 2014 年 7 月 31 日动工，到 2015 年 1 月末为止建成 77 户住宅和 6 家店铺。第二个项目是把抗震的和风住宅和庭院作为内核的“立町二丁目五番地区”，于 2016

1. 可在“石卷街区情报局”的官方网站下载。 http://www.ishinomakimatinaka.com/mitisirube/

年9月竣工，不仅建成53户住宅（其中有21户为复兴公营住宅），还配备了网罗石卷、东北好物与美食的生活方式店铺。至此，创意街区·石卷正式踏上了征程。

第三个项目是小型再开发的集合体，详见图7-4圆圈包围的、注有“中央2-3、立町1-3其余优建（规划中）”的地区。这里原本是有三个准备实施法定的街市再开发事业的区域，但由于多重原因出现了分解，或者说是在经历了一番整顿之后，合理利用优良建筑物等整备事业的七个小型再开发区域在民间应运而生。由于该地区处于石卷中心街市的核心位置，商业设施的比重将会增大。能否协调好多个小规模再开发、把美丽街道和舒适城市空间化为现实、让振兴事业得以实现，创意街区·石卷正在经受本轮挑战。

### 基本目标和方针

国土交通省土地建设产业局的《关于受灾街市等地街区再生计划中促进土地利用等方面的相关调查》之中，“我们”对上述项目以受灾地复兴范本的视角进行了总结（2012年3月的报告书可以到土地综合信息图书馆的网站进行下载）。在报告书中，“我们”提出了两个基本目标和九个方针。

以下是两个基本目标。

> 第一，向高地转移等方式开展的同时，也要把回归和转移到街市作为一个“魅力”的选项来实施。
>
> 第二，通过立足于社区的开发，在短期内建设出美丽的街区。

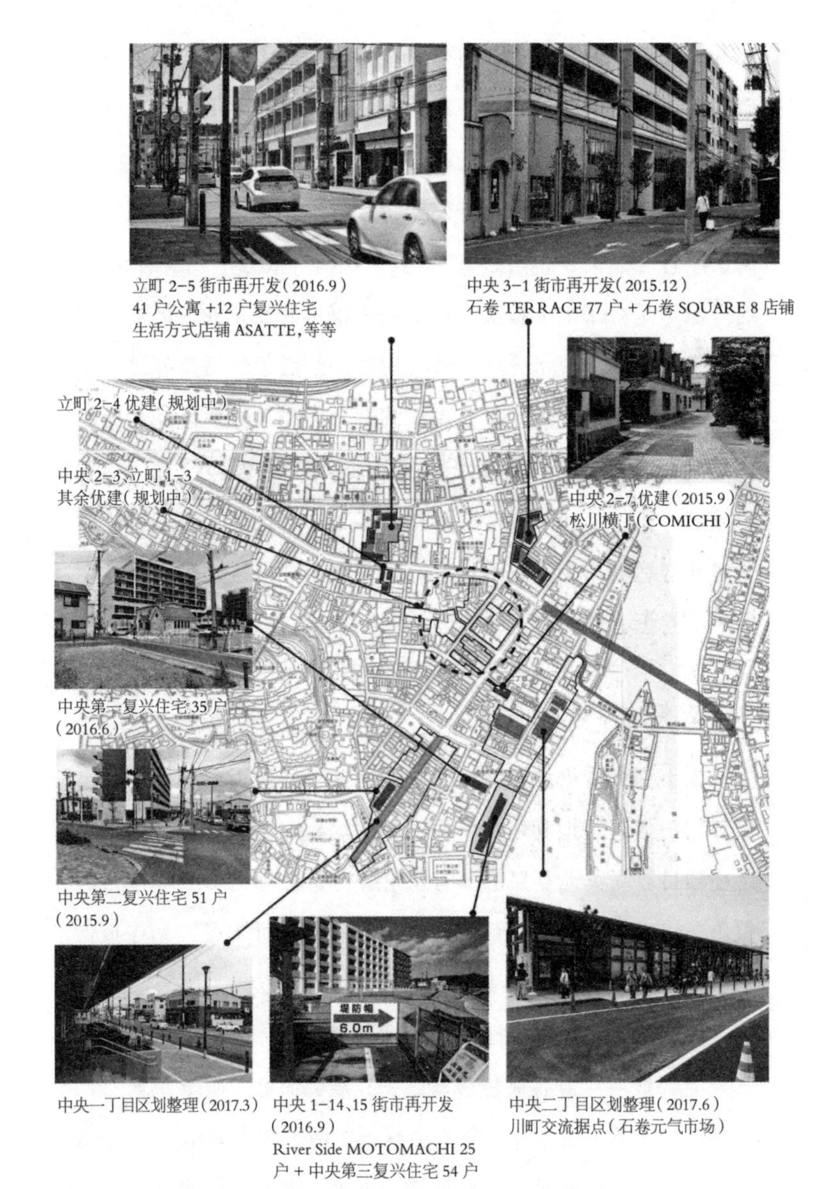


图 7–4　石巻街区复兴的现在时（2018 年 1 月）

图中的“优建”是优良建筑物等整备事业（任意再开发）的简称。

为实现这两个目标，“我们”设想出九个具体的方针。

其中最基本的方针是“在全体居民已达成一致的街区中逐步实施计划（方针 2）”。若有重大灾害发生，首先要制定一个宏观设计，实施基础设施建设并对城镇进行大规模改造，同时要禁止开发新建筑，这些措施也比较容易符合人们的期待。但是，石卷在一定程度上已经具备道路条件，无须实施这些措施，由来已久的城区和道路规划、土地区划也可作为重要遗产。所以就跟前面多次提到的内容一样，要在既有的逻辑之中用“创造城市的建筑”来不断填充（Infill）、更新街区，只有这样才能构成创意街区模式的基本方针。实现这一目标的前提条件在于，“制定设计规范等模板，引导各规划创建整体的美丽街道（方针 4）”。方针 2 的规模较大、关联人员较多，所以不易达成一致，方针 4 的提出其实也包含了规避这一问题的背景。当然，开发事业要生成合理的效果，就必须具备一定的规模。虽然大都是把某一街区用作开发的单位，但是没有必要像一般情况下的行政指导那样，拘泥于区域的“整形”。

然而最大的难题就在于，这些计划该如何提出并达成。究竟该由谁，以怎样的计划，以怎样的方式来提出呢？

关于“由谁”这个问题，显然不能依靠外地的开发商，他们不具备石卷市该有的意志和能力。“要把土地权利人出资建立的城建企业作为开发力量（方针 3）”才是唯一可行的方法。

“怎样的事业”其实是跟三种关键手段中的商业相关联的。为此，“我们”提出了以下两个基本原则：“要努力推进整合住宅、商业设施、事务所等职能以及公营和一般等住宅的多需求融合式开发（方针 8）”；“要在街区内重获新生的店铺等场所体现出生活方式的品牌化，推动商业设施以及其他设施的构建（方针 9）”。

“以怎样的方式”则是跟三种关键手段的方案有关。“要形成土地权利人无须损失土地就可参与规划的机制（方针 1）”的方针，与城建企业作为事业主体（方针 3）相呼应。共同使用土地的情形下，任何街区都应该把这个方针放到最基础的位置。但对于石卷而言，由于地价下降，大多数土地权利人并没有放弃自己手中的土地，而是希望能够通过合理的开发来提升土地的价值，并且能够长期获取一定的利益。不仅仅是石卷，这应该也是今后日本的城市中共通的愿景。

对于区域整体的管理，“我们”提出了“要区分土地的所有和利用，通过城建企业对街道实施综合的合理的运营（方针 5）”。针对此阶段，“我们”设想了一种体制，即土地权利人出资建立的城建企业（城建企业 A）取得保留床范围内的住宅以外的商业及其他设施，其运营则交由对中心街市的整体实施管理的城建企业（城建企业 B）来负责。

除中心街市的土地权利人之外，面向当地再建的困难地区人群，解决其贷款问题，让他们能够到中心街市的住宅中生活并从事工作，即“要为当地再建的困难地区的顺利转移准备好方案（方针 6）”；依据三种关键手段，组建一个合理体制，能够从硬件设施建设为主的阶段转向管理为主的阶段，持续规划事业的前进方向，即“要组建体制让规划得以顺利实施，在推进事业的同时促进发展（方针 7）”。综上，“我们”一共提出了九个方针。

## 2 生活方式的品牌化

> 集结民众创意的商业街景象出现了。这里成为令石卷人民喜爱和骄傲的商品汇聚一堂的宝地，还让到访石卷的人们发现了石卷的魅力所在。庆祝活动在中庭里举行，人们围坐在乡土料理团座周围，老年人温情地守护着他们展开的笑颜。周边的住宅中，有许多人从临时住宅搬了进来，之后这里将会是一个新的故乡。这里作为复兴的前沿，使石卷的商业街得到重生。

这是 2013 年 7 月播出的 NHK 节目“复兴支援、全民建设活力商业街——宫城・石卷”中，主持人迫田朋子的结束词。该节目把石卷中心街市复兴的主题定为生活方式的品牌化，节目组与参加者一起，参照模型了解了在立町二丁目五番地区的再开发中形成店铺的规划。这个规划的核心内容是，要在大正五年（1916 年）建成的木造和风建筑和土藏以及美丽的庭院周围，配置住宅、店铺和适老设施。（详细内容将在后文介绍）。

下面是来自节目参与者的发言。

“当我看着这家店，在思考我可以做一些什么或者应该做

图 7-5　成为探讨生活方式店铺舞台的本家秋田屋和店铺模型

这个探讨在随后形成生活方式店铺“ASATTE”。旧建筑物为大正五年所建。但是，由于海啸灾害，地下受到浸水的影响。

什么的时候，就想到应该还会有人没吃过新鲜的鳕鱼子吧。那如果这样的话是不是我也可以干成一番事业了呢？”

“这里有各式各样的鱼糕。婚礼上肯定是要摆块鱼糕的，用这些东西来替代和菓子跟蛋糕，才能使味道不尽相同，比如说加入了虾的鱼糕，等等。”

“竹叶鱼糕中加入了鳕鱼子和大叶，吃起来应该会很美味。”

“这里的饮食非常丰富，作为器皿商店来说，如果可以把食材和餐具融为一体提出什么建议的话，我是很想尽自己的一分力量的。”

“鱼糕和薯条。这里有很多种类的鱼，孩子们很喜欢吃炸薯条，而鱼则可以根据季节的不同，通过不同的煎制手法和酱料来改变它的口味，为了让每一个人都能轻松愉快地品尝到这些食物，我把它们供到各式各样的店铺。长久以往说不定还能变成石卷的名产。”

“那里看起来像渔夫的小屋，走进去一看才发现，就如同世界观‘砰’的一下能看清两端一样——你可以了解到船的类别，了解不同季节可以捕获的鱼的种类，之后‘哒’的一下，进入餐厅就可以吃到真正的鱼了。”

“那里来了一个好像叫田中的人，在做一些关于渔网编织的装置艺术。”

田中在地震后来到石卷，他一直使用大渔旗制作绚丽的箱包、帽子和衣服。

石卷港中有号称日本第一的水产加工团地。虽然在海啸中损失惨重，但恢复重建工作却在蓬勃开展。海产品之中，令人意外的是，鳕鱼子并不被大家熟知。而提起明太子，九州当属非常有名的产地，不过大部分原料其实都是石卷供给的。不能一味地为外地提供价格实惠的食材，树立起鳕鱼子的石卷品牌才是当务之急。话题无论如何也绕不开食物，关于器皿的对话来自于陶瓷店“观庆丸”的年轻女当家富永女士。从江户时代开始，石卷就作为少有的几个贸易城市之一，经济繁荣，汇集了来自全国的物产。幕末时期创业的观庆丸就是其中处于领导地位的商社兼百货商店。

话题自然是会引到主栋、土藏和庭院的使用方法的方向。

“要说到庭院的使用方法，石卷有一种叫作‘杂煮’[1]的，

图 7-6　正在用大渔旗制作箱包与和服的田中

1. 译者注：原文为“おくずかけ”，“くず”有碎块的意思。这里为意译，是宫城县一种带汤的特色料理，常以芋头、胡萝卜、茄子、油豆腐、蘑菇，以及特色的“温面”为原料进行烹煮。

人们会在庆典或者婚礼等仪式上聚到一起品尝。如果在庆典活动中配发餐具并得到大家的使用，那么参加过庆典的地方就会一直留存在记忆之中。当人们想要把自己的经历分享给孩子们的时候，说不定就可以成为他们再次光顾的契机。”

“婚礼的时候可以在主栋的附近拍摄照片。穿和服拍照就是很好地利用空间，在氛围良好的环境中进行拍摄，这样也会比较有趣。”

“在今天，无论是婚礼也好，还是生日会也好，如果能够在这样的场地举办难道不是非常幸福吗？”

“土藏应该就是展览厅吧，叫作展览厅的话，就字面意思来说会显得比较无聊。”

“比如说喝日本酒，就在展厅里头，再做一些装潢，就是日本清酒酒吧的风格。”

“就手工制品来说，比如像食物等，有很多都是手工制成的。我希望能有一个可以展示本地物产的地方。要去多多发现一些类似的东西，让它们之间产生关联。”

提到婚礼创意的是后藤，他是一名土地权利人，经营着一家酒店。提出要将土藏变为日本酒酒吧的则是震后一直从事志愿工作的大塚。关于手工制品的发言来自一位名叫田中的裱褙匠，节目录制的时候，他在默默修复一幅因海啸而损坏的画作。

这家商店在城镇建设的过程中的作用也被寄予了厚望。

“我们家是把制作好的豆腐拿出来给大家自由品尝，就有点像试吃角的感觉，然后再告诉他们刚刚吃过的东西是我们家做的。这可比宣传费要少得多。”

“佐贺县的川岛豆腐会在早餐时刻推出，看看能不能增加顾客的数量。”

“没错，这样一来没准儿还能够跟新商品的出现产生一些联系，这会是一个非常有魅力的方式。我们在故乡经营，有很多人连我们的存在都不知道，从这个层面上来讲，只靠宣传册和图片信息的话宣传力还是太弱。因为大家是看不到实物的，可是真正品尝到食物又会不一样。比如当人们想要吃鲣鱼干的时候，正好就有我们的豆腐，而豆腐上配上鲣鱼干又真的很好吃。如果十个人中能有一个人这么说，那么不具备宣传能力的我们就可以在这种情况下借力了。”

“如果能边走边吃的话就好了。这不正好就有竹叶鱼糕嘛，我们可以把它们稍微烤一烤再串起来，等大家买来边逛边吃。”

“拿着买好的饭走了一圈又绕回来，还是要在这里吃。”

“与回转寿司相反，是人在回转了。”

“牡鹿半岛等地可以捕获大量的鱼，但是好像没有海滨和城市结合的据点。”

“这里有商业街中的各种信息。既有其他店铺的信息，又有海滨的信息。官方不是都有门户网站吗，比如 GOOGLE 和 EXCITE，就是想要访问哪个主页就进行搜索的那种门户网站。希望这家店能成为石卷、三陆、东北的门户网站。”

关于石卷的话题无论如何都离不开食物。但通过准备戛纳模范城市博览会 MAPIC 的参展，大家意识到石卷拥有丰富的生活文化。以下四个要点，是由高松丸龟町“Machi no Schule 963”的经营者水谷未起总结的。

（1）宣扬石卷和宫城的生活文化

与仙台之间产生距离感，形成区别。将石卷到宫城沿海地区的丰富食文化作为核心内容，让人们品尝新鲜捕获和制作的海产。

（2）集结东北广域范围内的优秀手工艺

东北广域范围内遍布手工业、手工艺和民间艺术，数量众多，区域广阔，把它们集中到一个地区来吸引从广域而来的顾客。设置一定的过滤网来收集东北的优质品。以宫城县内的手工艺者为中心，探索出根植于地域的手工业。竹篮、漆器、布、木工、民间工艺品等必然会因风土和地域性持续制作产出，要找到让它们与活跃在东北的手工艺领域中的年轻制作家之间的契合点。

（3）开发利用地域素材的新商品

如今的生活当中，使用者需要的是生活中的人们的视角。让结合了"制作者"与"使用者"的"经销者"参与到商品的开发之中，就能更接近于人们生活中的需求。

（4）为更广泛地传递最根本的信息而开展活动

创造能够切实品尝和触摸的机会，开展一些能够对产品了解更多的活动。例如，使用当地素材的海滨妈妈料理教室，可以跟制作家直接对话的手工业体验研讨会，以及使用当地食材的职业料理人之间的料理会。

立町二丁目五番地区再开发事业于2016年10月竣工。生活方式店铺以“今天、明天、后天，让每天的生活都变得美味、多彩、舒心”为主题，店名则定为“ASATTE（后天）”[1]，11月25日食品部门（石卷美食市场和日高见餐厅）开业，随后手工艺部门也在2017年2月开始运营（图7-7）。2017年夏，为纪念震灾过去6周年，包括雄胜地区在内的石卷全域举行了持续近一个半月的“重生艺术祭（Reborn-Art Festival）”，在此期间古老的住宅和庭院变成会场，展示了来自韩国艺术家Koo Jeong A和美国的艺术家Barry Mcgee的作品。今后，预计还会有联合历史遗产开展的各种企划。

生活方式品牌化的另一个支柱，保护和培育地域生活方式的健康村计划也在实施。场地在寿町通路，也就是“迄今为止的经过与现状”中被称作第三个项目的地区（参P207页）。这是一条与主街道Itopia通路平行的宽约7米的商业街，该商业街中步行道和街道设施完备，有着雅致的氛围。寿町通路位于酒吧众多的热闹街区的入口附近，发挥着与主街道之间的缓冲作用。它与从中濑方向延展而来的桥通路呈T字形交叉状，在城市设计上也是一个重要的地方。通过这些特性我们可以看出，它与先前实施的以住宅为主的再开发不同，是在洞悉中心街市新任务的主题基础上进行的探索。

这里的居民从震灾之后就投身到复兴的再开发事业之中。当初虽也讨论过要确保大面积用地来建造大规模建筑的方案，

1. 译者注：原文为“あさって”，“ASATTE”是其读音，即“后天”。

图 7–7 开业后顾客涌入热闹非凡的 ASATTE（2016 年 11 月 25 日）

但由于一些土地权利人的退出导致事业停摆。在短暂中断过后，七个小型再开发区域在民间应运而生。为了促使这些区域之间产生协调的相辅相成的效果，作为指导概念，健康村的开展加入规划之中。

以诊疗所和健康寿命增进设施（低温桑拿和运动工作室）为核心，连同以大厅为主的集合了饮食店等店铺的娱乐区域，以及被称为 CCRC 等有附加服务的高龄者住宅（租赁），一起构成三个支柱，重新创建出汇集市民并且提供休闲、就餐和轻松消遣时光的场所。大厅充满了要让具有 160 年历史但被海啸冲毁的冈田剧场复生的希冀。我们要以这个健康村为核心，在其周边配置酒店和微型超市等设施，使石卷街区的内核走向复兴。

## 3 设计——借鉴由来已久的城市构造，以每一块土地为单位来构建街道

### 有关建筑的观点

什么样的条件（设计规范）才是石卷街区中的建筑所谋求的呢？开展由土地权利人和商业经营者等一同参与的研讨会的同时，我们做出了一些探索。

首先，谋求的内容是安全。石卷的街区由中央和立町组成。其中中央地区由于《东日本大地震中遭受重大灾害的街市的建筑限制特例的相关法律》的规定被划分为建造受限区域，从 9 月 12 日起，又因受灾街市复兴特别措施法的规定成为复兴推进地域。虽然只有很小的一部分可以重启区划整理事业，但建筑的限制却被放开了。立町则是不属于受限区域或者推进地域。不管怎样，在地面上建设住宅并不受限。但是，中央地区在灾害中，汽车、轮船和其他物体被卷入海啸撞向了建筑物的一层，给建筑造成损坏。立町地区住宅楼的地下部分受到浸水的影响，路面和店铺被泥土覆盖。虽然加高的堤坝正在建设之中，但是民众仍强烈反对在地面楼层居住（图 7-8）。

商铺等设施还是保持原样，沿着路面设置地面楼层、构成街道，而住宅则需遵循设置在二层以上的原则，使其免于浸水灾害的影响。二层的商业设施中有英国的“Chester Rows”等具有深远意味的先例，但石卷却不具备全面使用二层的空间来打造商业设施的潜能。

既然主要的生活舞台位于二层，那么作为住宅居住人群的

日常生活场所，比如通道、小型游乐场所和广场就要设置在二层，把那里变成社区的主要楼层（公共空间），相信这会符合大家的期盼。在这些空间之中适当地设置避难通道，如果遇到紧急情况还可以作为避难场所，地面楼层也能作为停车场。城市里虽然已是停车场遍布，但还是会存在停车场不足的情况。

可是问题在于，这样的二层空间该要如何构建。在日本，四国香川县坂出人工土地作为先驱案例被人熟知。坂出人工土地是在坂出市中心以盐田从业者居住为主的木造密集街市进行的改良建设，致力于整合周边商业街环境的再开发。在 1.2 公顷的土地上建造了高 6~9 米的人工地基，在此之上建设了 100 户公寓（公营住宅）。除此之外还设立了可容纳 800 人的市民大厅和办公区，1968 年一期工程竣工。办公楼的一层供商铺使用，它没有建在人工地基之上，而是沿着主街道分布。坂出人工土地作为迎接高速成长期的日本城市中发展形态的一个模范，是由日本的代表性建筑家“新陈代谢运动”的旗手之一大高正人提议、设计、建设而成的。但遗憾的是，如今很少有人把它作为范本来支援复

图 7–8 为躲避灾害商业街开放的二层空间（石卷・Itopia 商业街）

兴工作。相对于空间构成的问题，这是一个完全强调“人工土地”的设计方案，会造成低层街道与周围环境隔绝的空间出现。

石卷街区期待的空间构成基本上与坂出人工土地相同。但并不是在人工土地之上建设住宅，而是让建筑物的二层（以住宅的视角来说则是一层）自然连接形成一个楼层，以此来进行设计。从道路上看过来的景观也是一样，不应该是能辨别出人工土地的设计，而是要构建日常生活中那种五六层建筑并立的街道。高松丸龟町叁番街的二层建造了一个中庭，提升了二楼店铺的魅力值，成功地吸引了顾客的光临。

### 美丽的天际线

另一个论点是，建筑物高度构成天际线。第 5 章的内容里已经进行过讨论，就是关于建设高层（超高层）还是中低层、公共空间中的塔楼型还是街道型的问题。这个论点已经不需赘述。中低层的集合住宅适用于构建街道和包围外部空间，以及创建可以成为人与人之间交流场所的道路和广场等丰富的公共空间。在与土地权利人之间开展的研讨会中也可得出，石卷人喜爱低层建筑，希望住进 4 至 5 层集合住宅的意见占据了大多数。不过石卷的开发商在最初阶段也提出过要建设公共空间中的塔形公寓，而实际上灾害复兴住宅正是属于这种类型。

另外，从旧北上川的中濑眺望，便能看到以日和山作为背景的石卷城区这样具有代表性的景观。有一些参加者在研讨会中提出了要避免建筑物遮挡日和山脊线的意见。

## 借鉴由来已久的空间构成

第三个方针是把以上两点作为前提，制定规划设计，用以继承城市中由来已久的空间构成，并促使其进一步发展。创意街区的原则虽然已在第 5 章中有过论述，但这里还是要根据石卷的实际情况来再次做些梳理。

第一，记忆的问题。正如“二战”后华沙的重建所展示的那样，街道作为记录社会身份的载体具有极其重要的作用。石卷的情况却不一样，震灾发生前已经失去了多个历史建筑，不可能复刻华沙式的重建，也没有意义。但是，道路、街区划分、土地区划、神社等印刻在土地里的记忆，等等，那些虽然为数不多但是被留存下来的历史建筑还依旧存在。诸如一些曾作为银行的建筑物，虽谈不上是历史建筑，但残存在人们的记忆当中，希望能够得到悉心保护。特别是围绕着街区的道路成为一大象征，它们必须得到最大限度的保存。可以说保存社会身份载体的必要性，在大规模灾害过后显得尤为突出了。

第二，如“第 5 章　设计”的内容，由由来已久的町屋组成的空间构成，放到现代城市规划和建筑设计中来看也是十分卓越的。石卷市富有历史的城市，虽然震灾之前就失去了有历史感的町屋，但正如前文提到的内容一样，它曾经的样貌可以从被认定为幕末时期创作的石卷绘图等资料中一探究竟。

## 促进合理利用土地的建筑体系

这个由来已久的“由建筑来创建城市的体系”，即现代版的町屋，是此次复兴工作中必不可少的。其原因就在于，如方针 2 中确认过的内容，“在全体居民已达成一致的街区中逐步实施计划”是很有必要的。而且提出这样的方针并不是由于“完全按照蓝图对城镇实施重建存在困难，才不得已作出选择”，而是因为“城镇的构建本来就是从个体（建筑）到整体（城市）的过程”。无论以怎样的街区或土地作为起点，其事业本身都是独立的，待它们各自发展起来之后，再从整体上来构建城镇的形态，这种建筑规划和设计才是此次面临的课题。

## 设计规范

将以上条件作为建筑模板，来制作一个设计规范（表 7-1）。首先，最基本的是要用建筑包围街道，创建舒适的公共空间，在形式上打造出热闹的步行道 [ ①步行道（两侧町）]。为此，需要在土地面向道路的部分设计成能够形成街道的主栋，使建筑物的正面相连、构成街道并且把道路包围其中，不让房屋后退产生凹凸感（⑩建筑物正面相连）。主栋的高度和道路的宽幅比例也很重要 [ ⑧路宽和建筑物高度的比例（1∶1~1∶2）]。如前文内容所述，这个比例从罗马时代以来就成为最基础的建筑原则，即在创造热闹街道空间的同时，还要对它的环境进行保护。基本的比例是 1∶1，但如果是狭窄的道路最多可以接受 1∶2 的比例。

关于建筑物的高度还有一些观点也是必要的。住宅需要具备相应的高度，从而能够随时前往街区的交流场所——地面（或者是住宅楼变成主楼层的二楼）。无须使用电梯就可上下楼的

**表 7-1 石卷创意街区的基本设计规范**

| ① 步行道（两侧町） |
| --- |
| ② 最高五层 |
| ③ 鳗鱼的寝床 |
| ④ 位于二层的主楼层 |
| ⑤ Rows |
| ⑥ 多样的住宅 |
| ⑦ 分栋型（街道型） |
| ⑧ 路宽和建筑物高度的比例（1∶1～1∶2） |
| ⑨ 积极的外部空间 |
| ⑩ 建筑物正面相连 |
| ⑪ 连接的楼栋 |
| ⑫ 直接通向道路的楼梯 |

高度可以防止大家闭门不出，对于增进邻居间的交流来说也是不可或缺的（②最高五层）。

建筑用地要参考町屋，每个细长的土地既独立又能与两旁联系，构成连续的建筑单位（③鳗鱼的寝床），还要避免一体式建筑挤满建筑用地。结合每一个开发的功能和位置（街道旁、街区内、内部小路旁），尽可能多地整合楼栋来构建整体［⑦分栋型（街道型）］。

建筑物要靠近建筑用地的边缘，创造可以使用又令人舒适的外部空间。建筑物要给中庭的设置留有空间，或者建筑物本身就是庭院型建筑（⑨积极的外部空间）。⑦分栋型虽然是一个原则，但不能孤立各个楼栋，而是要让其产生关联。

这样就可以包围外部空间，形成中庭，并且产生出新的空间（⑪连接的楼栋）。

把街区内部住宅楼的二层建设成居民的主楼层和小社区（④位于二层的主楼层）。这个楼层在海啸发生的时候还可作为避难层，楼下则用作停车场。希望这些位于二层的主楼层之间有可以跨区域移动的回廊来进行连接，回廊的两旁若是能有一些商铺、事务所以及社区设施的话则会更佳。英国的“Chester Rows”就是一个先例（⑤ Rows）。关于住宅，从能够感受到街道热闹气氛的住宅到享受街区内娴静生活的住宅，要根据人群的不同喜好准备多样的住宅（⑥多样的住宅）。

为了让热闹能够集中到道路之上，要刻意地把建筑内部的楼梯设置成直接通向道路的形式。特别是要在各处设置容易辨别的通向二楼避难层的楼梯（⑫直接通向道路的楼梯）。

## 石卷模式——用传统町屋对现代版町屋进行再编

以下将通过建筑的模型对上述内容展开论述。结合现代实际再次构建出石卷绘图（幕末）等资料中描绘的町屋和街道景象。下面来关注图 7-9。①表示的是传统町屋的样貌，在“鳗鱼的寝床”形的细长土地上，主栋设置在道路边缘，它的后方是庭院，更后面的是离屋和土藏。前后各有一条通道，两个町屋背靠背地挨在一起。接下来就需要把这些放到现代版的町屋中进行再编。

首先，面向主要街道设置主栋（②）。下层是商铺，上层是住宅。若把主栋一字排开，就可以包围道路，形成连绵不绝的主街街景。面向主要街道设置的建筑物的高度（H）在道路的宽幅（D）的 1 到 2 倍之间。

一楼的后方主要作为停车场来使用（③）。为了防止停车场暴露而建一个盖子（④）。这个盖子有人工地基，海啸来临的时候可以作为避难层，平时使用的情况下又可以成为居住楼的主楼层。商铺跟以往一样，还是位于面向道路的一层，作为构成街道的一部分。

在盖子(居住楼的主楼层)的上方配置供居住的房屋(⑤)。这里不是要把居住楼拔高，而是要像一户型住宅的街道那样横向展开（参考英国的联排住宅），想要以此来实现“多样的住宅”。要想办法建造出邻里间能够保证日照和通风，且隐私不受侵犯的房屋。跟周围必须要有庭院的一般住宅相比，这种房屋其实是内部藏有庭院的中庭型住宅。

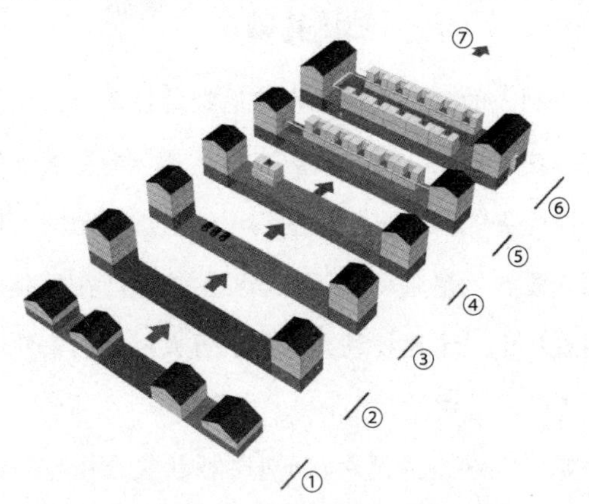


图 7–9 石卷模式——用传统町屋对现代版町屋进行再编

至此，就完成基本的单元，之后只需将各建筑土地拼接到一起，把这些基本的单元进行组合。

例如，为了让宽幅更大一些，可以把基本单元面对面排列，让共同的庭院包围其中，构成一个相邻的建筑单位（⑥）。以上原则要根据各个建筑用地中的情况来开展，而且每隔一定距离就要设置一组直通人工地基的楼梯。

主栋的后方留出一块数米宽的公开空地，旁边的区域与这片空地相连（⑦）。

## 具体的开展

“我们”设计的再开发方案，结合这些建筑用地的实际情况得到开展。下面就简单地介绍三个即将竣工或即将开工的案例。但是，这里只对设计进行阐述，关于由谁来组建和运用了何种框架的问题，将留到涉及方案的下一小节中详细论述。

### ・中央三丁目一番地区计划

土地权利人的带头人曾经在这里经营停车场。他们希望街区中能够尽快地提供住宅，从震灾发生那年的夏天起就展开了讨论。但在受灾的情形之下，他们无法通过自己的力量来筹备资金，因此没有构建起可以促成事业的方案。在事业推进部进行议论的过程中，土地权利人满足了五人以上的条件，因此展开了法定再开发的讨论。

一开始，在这里建设片廊下型[1]板状集合住宅的计划是被提出并进行过讨论的。但由于土地形状不规则且南北方向有住

1. 译者注：指只在公共走廊下的一侧配置房间的集合住宅。

宅地和小路相连，片廊下型需要确保很宽的邻栋间距，而且为了保证住房的数量也不得不建造高层建筑。这样，在灾害发生时片廊下型还无法确保充足的避难场所。

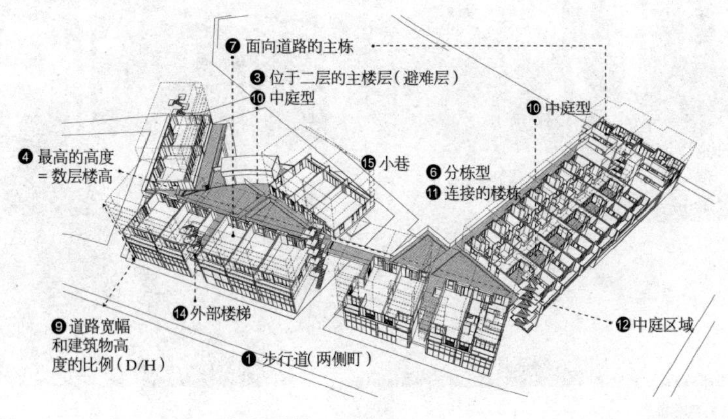


图 7-10 中央三丁目一番地区计划（示意图）

因此要采用上述石卷模式，在便于采光的道路沿线设置中层主栋，把街区内部的一层位置用作停车场，在其上方构成一个避难和居住两用的楼层并配置低层的住宅。虽然分成南北两个区域，但二者的避难楼层之间有一条通道相连。住宅共 77 户，名为“石卷 TERRACE”，以户为单位进行销售。道路一旁的一楼中有罗森便利店、学习塾，以及包括受灾店铺在内的 7 个店铺，被称为“石卷 SQUARE”。分栋型的设计将每一栋楼房都配置在道路和建筑区域的边缘，正好收纳到已有的街市之中，构建出了街道景观。

然而，该地区虽然是土地权利人之间形成共识进度最快的区域，但是在他们的周围却有了诸如“最早来做的人风险太高了”“先看看其他地方的情况会好一些”的声音。但是土地权

位于二层的避难楼层

道路沿线楼栋并立构建出街道景观

图 7-11　建成后的中央三丁目一番地区

连成一体的二层避难楼层

街道后方的停车场

图 7–11 （续）

利人中的带头人却认为“其他地区什么时候能开始还是未知数”“有必要尽早建设住宅”“这里若能作为先例取得成果的话，其余地区的推进也就会更容易些”，决意实施建设。讨论经过了约三个月时间，2012年2月末成立了再开发准备组合，2012年11月获得了城市计划决定，2015年12月该项目竣工。

**·立町二丁目五番地区计划**

这是先前NHK节目中介绍的成为舞台的计划。大正五年（1916年）建成的木造和风建筑和土藏，与美丽的庭院、现存的土地作为核心互相邻接，土地权利人参与其中，对住宅、店铺和适老设施进行了配置。古老的建筑经受住了此次震灾的考验，浸水的影响也只是停留在地面之下。要对这些建筑进行修理和配置，让它们作为店铺的一部分进行有效利用。

早在震灾之前，土地权利人就思考出了这样一个规划方案：在这些住宅和庭院南侧的主要道路沿线设置商铺楼，北侧设置高龄者使用的居住楼，西侧的平地配置停车场。由于是分栋构造而且商铺楼控制在一到二层，所以住宅楼就必然会变成高层建筑，这就形成一个难以协调平层建筑和保存住宅的计划。因此，“我们”套用石卷模式再次提出规划，旨在实现整体平衡的楼栋配置。在立町通路沿线及北侧的新田通路沿线设置四到五层的楼房，在位于街区内部二层的避难和居住兼用的楼层之上配置两栋三层住宅。共建成53户住宅，其中立町通路沿线的21户是灾害复兴住宅，剩余部分是“DUOHILLS石卷”，

构建街道景观

开放式露台

位于二层的避难楼层

图 7-12 竣工后的立町二丁目五番地区

以户为单位进行销售。它的一层是前文进行过说明的，在石卷实现了生活方式品牌化的旗舰店“ASATTE”。新田通路沿线的一层是介护所和由来已久的理发店，其他部分用作停车场。这个计划从2011年10月开始进行讨论，2012年2月末成立了再开发准备组合，2013年3月城市计划决定，最后于2016年10月竣工。

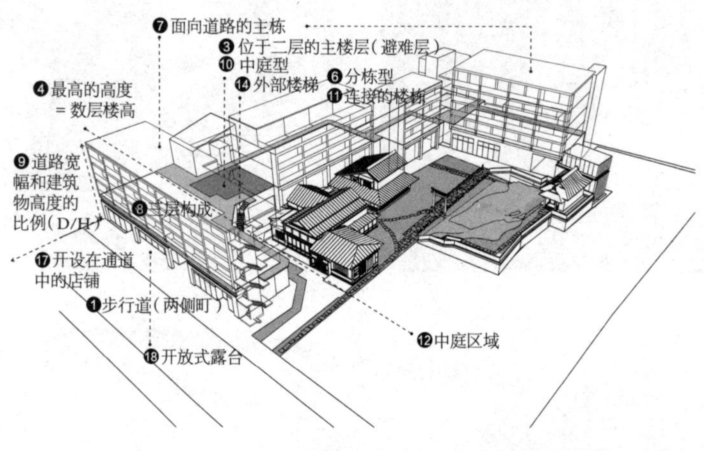


图7-13 立町二丁目五番地区计划（示意图）

### ・立町二丁目四番地区计划

这是发生在立町二丁目五番地区计划的街道对面，由茶店经营者号召，寄希望于把三栋楼房改建为共同建筑的计划。从以往的案例中也可看出，此项计划是一个超越了个别改建界限的尝试。采用石卷模式，虽然不会改变道路沿线的一层商铺并立的形态，但在其后方设置了停车场，二层的避难和居住兼用楼层增加了一个盖子，在其上方还设置了住宅。比起只建造一栋建筑来说，走廊下方的空间和设备可以实现共同化，日照和通风也会变得更好。二层以上的住宅部分是木造结构。

这个计划的规模比之前的两个计划要小得多，可以充分利用手续更为简洁的优良建筑物等整备事业。2013 年 11 月探讨虽然得以开启，但因为市政府对住宅的处置有所担忧、迟迟不肯点头，一直未能得到开工。不过后来出现了购买住宅实施租赁经营的企业，终于有希望能在 2018 年内看到计划破土动工。

对于街道的再生来说，其实更加本质的内容在于，要不断积累上述第三个案例那样的在建筑单位中实施的再开发，读到这里相信各位读者都已经有了充分的理解。各类建筑家在遵循设计规范的同时参与设计，再现了传统町屋在个别建设中创造

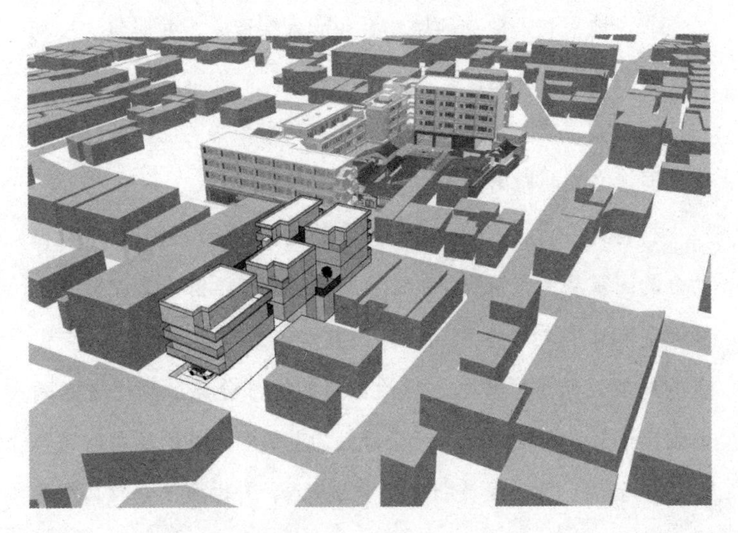

图 7–14　立町二丁目四番地区计划（下方区域的对面是立町二丁目五番地区）

的丰富街道。这个建筑，也是由投身到复兴支援工作当中的仙台市建筑家手岛浩之和安田直民负责推进的。

## 4　方案

### 受灾地特有的条件

如前文内容所述，石卷的中心街市也存在共同配置建筑的必要性，街市的再开发事业是适用于现阶段的方式。根据规模的不同，被称为任意再开发的优良建筑物等整备事业也能发挥功效，不过事业的根本却是不会改变的。

讨论方案的第 6 章中介绍了以下步骤：

①再开发组合通过定期借地的方式来建设楼房。

②土地权利人建立的城建企业购入保留床，并对包含权利床在内的部分实施运营。

经受灾害侵袭的石卷的情况与这两个步骤的前提条件有些许不同，必须要做出更多的考量。

石卷具备应对复兴而特别采取的措施。街市再开发事业补助金的比重从通常情况下的 2/3 提高到 4/5，自治体承担的份额（县和市镇村各承担 1/5）被纳入东日本大地震复兴交付金的对象。但是，实际上自治体负担的部分无法利用之前因地制宜再开发和中心街市活化计划为前提的、补助比率增加至 9/10 的制度，从接受补助金的一方来看，补助金的金额其实是减少了。

至于商业设施，则是设立了受灾地特有的助成制度，也就是集团补助金和海啸补助金。前者是面向参与中小企业等集团设施复旧整备补助事业，并得到认可的事业者集团交付的补助金[1]；后者是基于海啸浸水地域中获得内阁总理大臣认定的街区再生计划，面向城建企业等事业体实施的商业及其他设施的整备而发放的补助金[2]。

接下来，让我们回到现场。跟通常情况相比最大的不同点在于，建筑物因震灾受损，有许多建筑正在被拆除。这里有可以使用公费拆除受损建筑的制度（“公费解体”），在再开发的话题兴起之前已经有不少人对这些建筑实施了“破坏”。街市再开发事业对即将拆除的建筑支付补偿费用，其中补助金在事业费当中起到不可忽视的作用，但是如今已经不能指望补助金了。这个问题在阪神·淡路大地震的时候也同样出现过，虽然在一部分地区对拆除后的建筑实施了补偿，但最终也没能解决问题。石卷的行政当局对采取类似措施予以否定，从这一点来说也并没有汲取阪神·淡路大地震中的教训。

第二个不同点是，相对于商业设施而言，住宅成为再开发的中心。在此之前虽然设想要由城建企业获取高度化资金等支持来购入商业床，并且把运营的利益返还给土地权利人，但是土地的回报却难以符合期待值。地价已经跌入谷底，事实上从一开始就不该对能够获取较多收益而抱有期待。

---

1. 中小企业等集团设施等复旧整备辅助事业。因灾害带来损失是前提条件。
2. 海啸·核灾害受灾地域雇佣创出企业布局补助金（商业设施等复兴整备补助事业）。

## 再开发方案的摸索

就结论而言，并没有解决这些问题的特效药。但是，难题必须要攻克。

关于第一个问题，与事业性的问题不同，从消除破坏建筑和保存建筑的人群间的不公平的观点出发，把定期借地权设定预期回服（地价的50%左右）后纳入土地权利人的资产，“破坏”了建筑的人也可获得权利床的分配，这种解决方案得到土地权利人的支持。

这个方法也同样可以解答第二个问题，即从商铺回收不到太多的土地费用。定期借地权制度中，可以自由设置权利金，高松丸龟町的再开发中就把权利金的金额设定为零。高松人在地价上涨的情形之下，压低用地价格，选择了定期收取土地费用来获得收入的道路。另一方面，石卷的地价跌落到每坪10万日元（约5600元人民币，1坪约为3平方米），定期借地权设定对价反映到用地价格中的影响微乎其微，所以得出了以此消除土地权利人之间不公平的意义要更为重要的判断。

另外，还考虑过要提前一次性付清土地费用的方法。设想的金额跟定期借地权设定对价相比没有较大差异。至于第二个问题的答案，虽然可能在解释上会比较直接，但由于在权利变换的时候纳入资产存在较大困难，对于再开发事业而言也比较陌生，所以没有被采用。

因此，才有了如下设想方案（如图7-15所示）[1]。

---

1. 国土交通省土地建设产业局（2012）、20页。

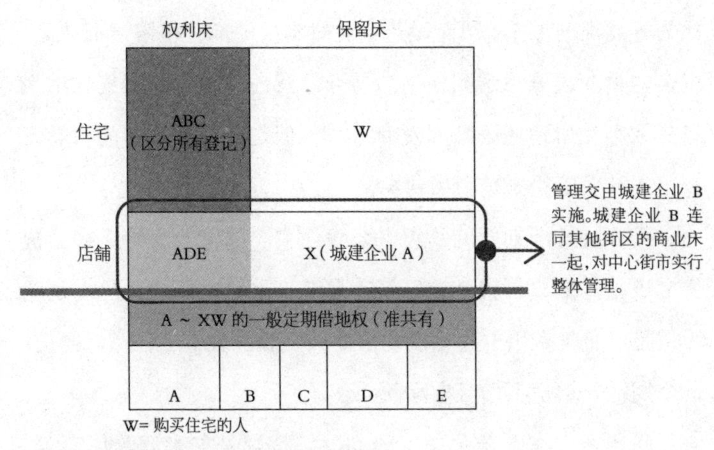


图 7–15 石卷街区复兴再开发中设想的方案

土地权利人除了获得作为权利床的一个个住宅之外，还能共同享有商铺，并将其向城建企业等对象进行出租，从而获取租金（或者自己经营商铺）。以土地权利人为主建立的城建企业购入保留床，连同土地权利人的权利床一起来实施运营。城建企业的资金要对集团补助金、海啸补助金、高度化资金等进行有效利用。不过，图中还加入了对街区商业床实行整体管理的城建企业（与土地权利人的城建企业不同，这里标记为“城建企业B”）的概念。

## 如何建造住宅

石卷的再开发是以住宅为核心的，如何建造住宅成为另一个重大的课题。

城市的开发必须要有开发商来购买建设完毕的楼房；这也就是第 6 章中展开叙述的由土地权利人和市民建立的城建企业

成为开发商的方案。然而城建企业能购买的部分仅限于商业床，资金的调配很难渗透到住宅的部分，就连高松丸龟町的住宅也只是依存在所谓的公寓开发商之下。但是，震灾过后的石卷没有出现开发商粉墨登场的状况。

最先被寄予期望的是灾害公营住宅。保留床交给灾害公营住宅进行分配，也就是让石卷市政府扮演开发商的角色，还能提供足以负担费用的（可以交付低廉租金入住的）住宅。但是，这个期待一定是不切合实际的。

问题之一在于公营住宅的制度。特别是灾害公营住宅[1]，虽然在入住的时候没有收入的限制，但如果之后超出了限制范围，居住者就不得不在五年后搬出公营住宅。公营住宅的租金是根据收入水平制定的，所以对于有一定收入的人来说，租金不一定会很便宜。房间构造和设施等在设计上的制约也比较多。对于要在定期借地的土地中建设公营住宅，政府方面还抱有根深蒂固的抵触心理。考虑到各种原因，灾害公营住宅并不能称得上是最快最好的方案。

因此，中央三丁目一番地区中断了最初制定的一部分灾害公营住宅的计划，把它们全都变更为分让住宅。其中，以下两

1. 灾害公营住宅，是由国家出资，对受灾地公营住宅建设实行大力支援的制度。此次的建设费用中有 7/8 来自于复兴交付金。以失去住宅的人员和家庭为对象，为低收入人群设置了比通常的公营住宅还要便宜的租金（东日本大地震特别租金低减事业、十年间）。因为有入居时特例措施的存在，所以在入住的时候没有收入的限制，不过在入住满三年的时间点，如果收入超过限额租金将会增多，而且入住满五年的高收入者有搬出住宅的义务。

个方面的因素较大：第一，在经济同友会中，负责复兴问题委员会的“Hoosiers Corporation”公司承担了开发商的角色；第二，在价格方面形成这样一种预期，即受灾者再建支援金作为首付金，可以将剩余部分控制在这样的程度：只需每月偿还公营住宅租金水平的贷款就能购买房屋。第二点的资金预期的成立（预见到商业的可能性）自然而然地使第一点成为可能。

值得庆幸的是，“石卷 TERRACE”推出的公寓楼在竣工初始就一售而空。在建筑费用高涨的情形之下，为了实现第二点倾尽了所有的努力。该地区采用了工厂制造建筑板材在建筑工地进行组装的方法。景观上未能形成理想中的倾斜屋顶和走廊凸窗的原因也是经费的缩减。

另外，立町二丁目五番地区的住宅是灾害公营住宅和分让住宅的混合体。其中的分让住宅是“DUOHILLS 石卷”，它同样是由“Hoosiers Corporation”公司作为开发商进行销售的。总部位于岩手县盛冈市的建筑公司，以不及大型建筑公司 80% 的工事费承包了建设，用更实惠的价格完成了建设任务。这个被美丽的庭园包围的住宅楼受到广泛的好评。

作为开发商的“Hoosiers Corporation”公司对这两个再开发事业有着重要的意义。该公司在其他开发商踌躇犹豫之际，抱着对地域再生的关心和对复兴的希冀，参与计划并收获了成功。但后来他们接受了来自活跃于原有再开发事业的顾问发出的邀约，在其他地区推进着建设 12 层楼房的再开发事业。这对于好不容易才发展起整体区域协调的再生事业的当地来说实属遗憾。

剩下的课题是类似于立町二丁目四番地区的案例。该地区建成21户的小规模住宅，而运营这种规模的租赁住宅从事业和维护的角度上来说又是比较合适的，但这就要求必须有购买这些住宅并实施经营的企业存在。虽然还是会期待能有一些对此种事业感兴趣的企业出现，但如果要把这种规模的改建作为今后的主流，那么从住宅供给和中心街市再生的观点而言，就一定要在市场中构建起民间版受灾者租赁住宅体系的社区房屋建设框架。

## 方案的现阶段

现实中的方案以上述内容作为基本或前提，以多样的形式在各个计划之中展开。这里将再次对其进行梳理，确认今后的课题，从而结束本章。

最先实施再开发的中央三丁目一番地区最终采用了土地权利变换的方式。如第6章说明的内容，若计算借地权的设定预期回报就会朝着土地权利变换方式的方向进展。由于土地权利人不拘泥于持有土地，所以住宅被建设成为连带土地的公寓并进行分户销售。另一方面，关于一层的店铺“石卷SQUARE”，土地权利人获得了权利床，另外成立的城建企业“Community Company”对其实施运营。资金方面则是利用了海啸补助金和高度化资金。

立町二丁目五番地区维持了定期借地的方式。无论是公营住宅还是分让住宅，都附加70年的定期借地权来销售。一层的商铺由权利床和保留床构成，土地权利人成立的城建企业“明日街”获得了保留床并对店铺整体实施运营，并向土地权利人支付所得利益。资金方面则是利用了集团补助金和高度化资金。

如此一来，此次方案为陷入多重考量之中的土地权利人指引了方向。方案没有唯一的解答，可以说它代表了土地权利人诉求的集合。

今后的课题是要制定出能够实现渐进的、可持续的小规模再开发的方案。正如“第6章　方案”的最后部分的阐述，进入复兴的第二阶段之后，循序渐进的小单位开发就是街区的可持续再生的本质所在。具体内容除本章介绍的立町二丁目四番地区计划之外，还集中在健康村区域的小规模再开发之中。这些项目不只是需要设计，就运营的层面上而言还必须要对其进行管理。如图7-16所示，城建企业对整体实施的管理提升了

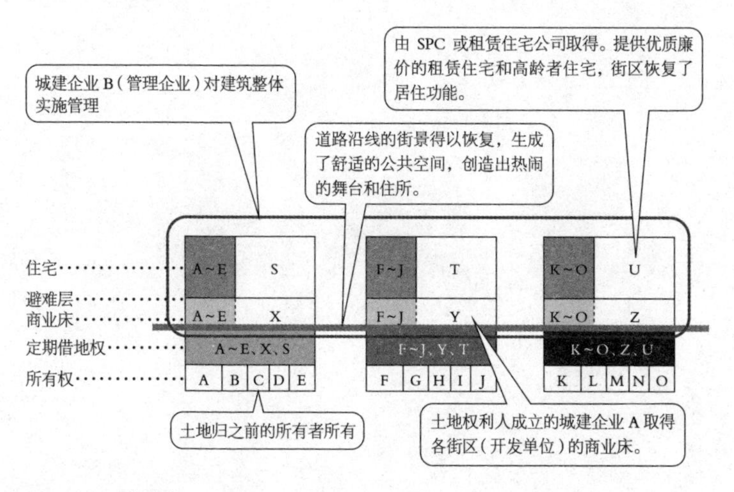


图7-16　目标方案

地域的整体价值。为此，组建由SPC（特定目的公司）实行资金调配的框架也是十分重要的。

以上就是2018年1月这一时间节点的缩影。关于现在实施中的项目将以怎样的形式收尾，这之后会通过创意街区推进机构的官方主页向各位进行汇报。

# 后　记

## 创意街区的推进

建筑现场是城市建设的最前线。然而，要实现集商业、设计、方案为一体的新探索——创意街区，就必须要构建出一个国家层级的体系。

2013年5月9日，在东日本大地震过去两年之后，受灾地迈出了从复旧走向复兴的坚实步伐，为面向实施复兴建设的街区中不断萌生的创意街区思路提供支援，由产官学联合组成的组织“创意街区推进会议”诞生了。会议成立以来，对创意街区思想持赞成意见的石卷市民也加入到其行列之中，该会议每一到两个月召开一次。会议的目的是开展以下活动：为受灾地的城市建设提供支援（Produce），进而把受灾地城市建设中不断萌生创意的街区打造成创意街区典范（Showcase），并将其推广（Promotion）至全国。

每一次会议的召开，除下表中展示的核心成员之外，还集结了行政人员、民间人士、社会企业家、大学和研究机构的研究者等人群形成一个关系网，各方不拘泥于自身所处立场自由开展“头脑风暴”。会议发表了具体的提案：“复兴的利器：从创意街区到大自然所给予的恩惠之中，方方面面都有生活方式的存在，要利用根植于生活方式的美丽城镇再生事业来推动地域实现强有力的繁荣发展。”（2013年8月27日）[1]向以国家为首的相关团体提出了关于推进创意街区建设的倡议。本书内容就是上述提案的具体体现。“我们”将一直以来参与推进会议的各界人士铭记于此，致以最衷心的感谢。

---

1. 创意街区推进核心成员会议（2013）。

**表 8-1 创意街区推进会议的核心成员及与会人士**

| ▼核心成员（所属单位参照创意街区推进机构创建时期） | |
|---|---|
| 冈村正(议长) | 日本商工会议所名誉会长、株式会社东芝顾问 |
| 胜荣二郎 | 株式会社 Internet Initiative 董事长（原财务省事务次官） |
| 冈本保 | 自治体国际化协会理事长（原总务省事务次官） |
| 白须敏朗 | 大日本水产会会长（原农林水产省事务次官） |
| 竹岁诚 | 建设经济研究所理事长（原内阁官房副长官） |
| 望月晴文 | 东京中小企业投资育成株式会社董事长（原经济产业省事务次官） |
| 木村惠司 | 经济同友会震灾复兴委员会会长、三菱地所株式会社董事长 |
| 小林重敬 | 横滨国立大学名誉教授、街市再开发协会代表理事、森纪念财团理事长 |
| 石井喜三郎 | 日本国驻罗马尼亚特命全权大使（原国土交通审议官） |
| 西胁隆俊 | 复兴厅事务次官 |
| 中岛正弘 | 城市再生机构理事长（原复兴厅事务次官） |
| 花冈洋文 | 前国土交通审议官 |
| 内田要 | 不动产协会理事长专务理事（原内阁府地方创生推进室室长） |
| 薄井充裕 | 日本政策投资银行设备研究所客座主任研究员 |
| 石渡广一 | 城市再生机构副理事长 |
| 西乡真理子（事务局） | 城市规划师 |
| ▼主要参加人员（所属单位参照参加活动时期） | |
| 龟山紘（石卷市长）、浅野亨（石卷市商工会议所会长）、后藤宗德（石卷市商工会议所副会长）、笹野健（石卷市副市长）、续桥亮（石卷市产业部长）、远藤薰（东京电机大学）、岩田司（东北大学）、棚谷克己（NHK）、竹川正记（每日新闻）、渡边满子（媒体制作人）、开出英之（总务省）、川合靖洋（农林水产省）、黑田昌义（国土交通省）、渡边哲也（内阁府）、内田纯夫（国土交通省）、武藤祥郎（国土交通省）、广冈哲也（经济同友会震灾复兴委员会委员、Hoosiers Holdings）、杉元宣文（日本政策投资银行）、千田正（三井住友企业联合保证）、田中健次（三井住友信托银行）、佐佐木隆一（三菱地所）、池田贡（城市再生机构）、河上高广（中小企业基盘整备机构）、今野高（中小企业基盘整备机构）、小池康章（东急 HANDS）、千寻俊彦（罗森）、山口彻（智慧城市企划）、坂本忠弘（地域共创网络）、秋元孝则（医疗法人启任会）、水谷未起（Machi no Schule 963）、近藤早映（东京大学大学院）。 | |

*2016. 10

会议开展期间，如第7章中详细论述的内容，具体开展了以下活动：对石卷市创意街区的推进提供持续支援；2014年12月，石卷市市长在《石卷中心街市城市镜像（中期报告）》中提出建言[1]；2017年6月30日，石卷市举办论坛，为应对复兴的第二阶段，提出了要以区域管理引导小规模渐进式再开发来促进街市实现再生的建议。

2015年5月11日，经济发展论坛（论坛长：政策研究大学院教授大田弘子）公开发表了《对地方创生的紧急提案——创建“街区腹地”》[2]。从此，创意街区作为“街区腹地”得到全面的开展[3]。

该论坛在2014年度举办了地域服务产业生产性研讨会，创意街区推进会议的核心成员薄井充裕和西乡真理子参与了讨论。会议中，西乡提出“日本各地区中，有效利用自然资源的各地域间特有的生活方式正在开花结果。推进构成地域中心的美丽城镇的再生，以及根植于各地域生活方式的产业兴起就是地方创生的关键所在”，并对其实现的必要条件是出了以下见解：

- 从构成街区“腹地”的主街道出发。
- “腹地”的规模为数百米。

---

1. http://creative-town.com/archives-links/archives/
2. 译者注：原文为“街のヘソ”，其中“ヘソ”原意为“肚脐”，这里意译为“腹地”。
3. 经济发展论坛（2015）。经济发展论坛是日本为创造新的发展领域而在2012年5月设立的提案机构。论坛长是政策研究大学院教授大田弘子，核心成员有日本综合研究所理事长高桥进和经营共创基盘董事长兼CEO富山和彦。该论坛设置在日本生产性本部。

· 对“腹地”进行集中投资。

· 组建集中投资催生地域循环的架构。

· 借鉴过去大型店铺的经验，构建出能够将地域生活的优质产物转化为产业的结构。所得利益返还到各地区之中。

上述见解与经济发展论坛提升服务产业生产性的主题不谋而合，可以用“创建‘街区腹地’”的提案对其加以总结。关于它的思路，通过“提案的目标”的内容整理如下。

> 人口减少背景下的日本经济要实现可持续的发展，就必须设法提升占据GDP70%以上的服务产业的生产性。如今的服务产业构成地方产业的中心，服务产业生产性提升的问题就跟地方经济活化密切地联系在了一起。
>
> 解决地方再生和产业活化这两个问题的关键在于，要在一定区域内创造出吸引人口和企业汇聚的魅力据点。服务产业中销售方和购买方存在于同一地点的业种较多，因此促进“密度经济”的实现是不可或缺的。这里将这个据点称作“街区腹地”。
>
> 那么该如何创建“街区腹地”呢？迄今为止的地域开发事业，都是将大规模中心街市作为对象实施的土地区划整理事业和街市再开发。但是，人口转为减少后，为了迎合各地区实情推进适宜的城镇建设，就必须要具备与之前有所不同的新方案。（中略）
>
> 这种一定区域内的开发已经在一些地区之中率先实施。这些地区合理利用《中心市街地活性化法》规

定的“城建企业”，为提升区域的魅力和价值进行着多种多样的探索。但是促进其实现的制度和方法并不完备，事实上只出现过极少数的成功案例。

区域开发不会像城市再开发那样需要历经几十年时间，它可以在短期内得到成效，只要方案得以完备，就有充分的可能性将已有的成功案例在全国范围内进行推广。

另外，对于这些方法而言，土地权利人之间权利调整的经验和吸引投资的运营方式等软件的储备，要比作为硬件的基础设施建设更为重要。因此，在完善制度的同时，培育具备这些软实力的人才是极其重要的。有必要在各地区实施优质的区域管理，为各地域间城建专业人士的活跃创造条件。

具体的提案有以下四点。

1. 制度：把地区规划作为街市整备事业的“第三支柱”。

2. 方式：降低土地所有权和利用权分离的难度。

3. 资金：实现公共资金与民间资金的最优搭配。

4. 人才：培育区域开发专业人才。

2015 年 12 月内阁会议决定的《街区・人口・职业创生综合战略（2015 年改订版）》之中，这些提案得以多次体现。在“3. 政策包”“（4）创建适应时代的地域，守护安心生活的同时促进区域间的协同合作”“（①）城镇建设・地域协作”“C 形成人口往来和活力萌生的地域空间”的项目中，“街区腹地”这个词被收录在“政策实施的概要”中，其内容如下。

在一定的地域内集结人口和企业实现“密度经济”，有利于提升地域的“经济创造力”和“地域价值”。为此，就需要形成人口往来和活力萌生的可称为“街区腹地”的地域空间。届时创造出多种服务产业的可能性和新需求，进而着眼于培育对地域的热爱和自豪感的观点，推进人口集中的“热闹街区”建设。

2016 年 7 月，一般社团法人创意街区推进机构成立，创意街区推进会议的活动有了更为稳定和持续的体制[1]。今后将会在倡导创意街区的同时，针对城镇建设现场中趋于明了的难题提出政策等建议。如今，有以下五个目标。

1. 面向恢复、培育和宣传生活方式的具体事业的开发与实践。建立承担具体事业建设的企业得以兴起的体系。制定地域间协作的方针政策等。

2. 修正实质上以公共空间中的塔形建筑为目标的城市和建筑制度。采取相应措施来创建美丽的街道和舒适的城市空间，例如将城市再开发制度的目标从高度利用转变为地区规划。

3. 建立起制度和体制来创造相应环境，让城建企业等扎根于社区的组织，获取一定的权限和资金源，投身到区域的再生和管理之中。

4. 将土地的利用和所有加以分离，制定和实施可以将更合理的土地利用变为现实的方案。比如，与 3

1. http://creative-town.com

相关联，致力于进一步利用信托制度而进行的研究。

5. 调查、开发、设计如缺口融资等可向地方进行投资的更为合理的体系。

以上活动将受灾地复兴过程中推进的创意街区扩展至全国各地的创意街区城镇建设的运动，希望它能够在更大的浪潮之中发展壮大。由衷期盼本书能为这项运动增添一分力量。

本书第Ⅰ部分的理论篇是城所执笔，第Ⅱ部分的实践篇则由福川写作。

福川裕一、城所哲夫

2017 年 12 月

# 参考文献


### 引言

高村义晴，《“生活方式品牌化地域战略”的政策意义和理论化》，《地域开发》第560卷（特集：生活方式品牌化），2011年5月，12-16页。*除此之外，该杂志还对同一著者的“生活方式品牌化地域建设”专题文章进行连载，直至同年12月号为止。

西乡真理子，《城镇建设的管理要这样实施》（NHK电台记事：职业学的推荐），NHK出版，2015年。*初版以NHK电视台记事的形式在2011年发行。

福川裕一，《魅力城市空间的再生 × 本地生活方式的品牌化 = 智能集约》，《地域开发》第560卷（特集：生活方式品牌化）2011年5月，17-20页。

### 第1章

马克·格兰诺维特（Mark Granovetter），《弱连带的趋势》，《美国社会学期刊》第78号，1973年，1360-1380页。

### 第2章

菲利普·库克、凯文·摩根(Philip Cooke and Kevin Morgan.)，《联合经济：公司、区域和创新》，牛津大学出版社，1998年。

菲利普·库克、达芙纳·施瓦茨及其他（Philip Cooke and Dafna Schwartz. eds），《创意区域》，劳特利奇出版社，2007年。

城所哲夫（Kidokoro，T）及其他，《可持续城市区域：空间、场所和治理》，斯普林格出版社，2008年。

理查德·佛罗里达（Richard Florida），《创意阶级的崛起》，基本图书出版社，2002 年。

弗朗索瓦·佩鲁(François Perroux),《经济空间：理论和应用》,《经济学季刊 第 64 期》，1950 年，89-104 页。

迈克尔·波特（Michael Porter），《国家的竞争条件》，自由出版社，1990 年。

迈克尔·波特著、竹内弘高译，《竞争战略论Ⅱ》，钻石出版社，1999 年。

佐佐木雅幸,《迈向创造城市的挑战——产业和文化生息的街道》,岩波书店，2001 年。

稻垣京辅，《意大利的创业者网络——产业集聚过程中的分拆连携》，白桃书房，2003 年。

西口敏宏，《中小企业网络——细致分析和国际比较》，有斐阁，2003 年。

城所哲夫，《广域规划的合意形成和计划技法》，大西隆《广域规划和地域的可持续性》，学艺出版社，2010 年。

城所哲夫、濑田史彦、片山健介，《可持续地域和国土广域的复兴视野》，大西隆、城所哲夫、濑田史彦共编《东日本大地震——城市恢复重建的第一线》，学艺出版社，2013 年。

篠原匡，《神山计划——未来运作方式的实验》，日经 BP 社，2014 年。

福田峻、城所哲夫、佐藤辽，《基于企业间贸易网络的城市圈构造的特性——运用日本全国的大数据采集的广泛实证》，《日本城市计划学会学术研究发表会论文集》第 50-3 卷，2015 年。

城所哲夫、近藤早映，《关于地方城市的中心街市活化对地域活化的作用的研究——创新城镇构想的提示和对其适当性的检讨》，《日本城市计划学会学术研究发表会论文集》第 50-3 卷，2016 年，791-797 页。

## 第3章

笹原司郎，《从长滨的“黑壁”到世界的“黑壁”》，《建筑和城市建设》第240号，1997年3月。

福川裕一，《城镇建设企业的街道和商业街活化作战》，全国街道保存联盟编《新型街道时代——对城市建设的提案》，学艺出版社，1999年。

福川裕一，《根植于社区的中央街市的再生》，《季刊城市建设》第13号，2006年12月，12-13页。

吉田光邦，《工艺的社会史——探寻机能和意义》，日本放送出版协会，1987年。

## 第4章

克里斯托弗·亚历山大（Christopher Alexander），《城市不是一棵树》，《建筑学论坛》第122期第1号，1965年4月，58-62页。*2015年被收录进《建筑学论坛50周年纪念版》。

石原武政，《零售业的外部性与城市建设》，有斐阁，2006年。

内阁府，《城镇·人口·职业创生综合战略（2015改订版）》，2015年。http://www.kantei.go.jp/jp/singi/sousei/info/pdf/h27-12-24-siryou2.pdf

## 第5章

克里斯托弗·亚历山大（Christopher Alexander），《建筑模式语言：城镇、建筑、建设》，牛津大学出版社，1979年。

克里斯托弗·亚历山大，《秩序的本质（第三部）：居住世界的视野》，劳特利奇出版社，2005年。

弗朗索瓦·肖艾（Françoise Choay），《现代城市：十九世纪中的规划》，乔治布拉齐乐（George Braziller）编《规划与城市》，

1970年。*日文译本：彦坂裕译，《现代城市——十九世纪中的规划》，井上书院，1983年。

诺玛·埃文森（Norma Evenson），《勒柯布西耶：机械与大设计》，乔治·布拉齐乐（George Braziller）编《规划与城市》，1969年。*日文译本：酒井孝博译，《勒柯布西耶的构想——城市设计和机械象征》，井上书院，2011年。

卡尔·格鲁伯（Karl Gruber），《德国的城市样貌：漫步于时代的精神秩序之中》，1977年。*日文译本，宫本正行译，《图说 德国城市造型史》，西村书店，1999年。

威尔士亲王，《英国的愿景：关于建筑的个人见解》，双日出版社，1989年。*日文译本：出口保夫译，《英国的未来像——关于建筑的考察》，东京书籍，1991年。

简·雅各布斯（Jane Jacobs），《美国大城市的死与生》，兰登书屋，1989年。*日语译本：形浩生译，《美国大城市的死与生 新版》，鹿岛出版会，2010年。

刘易斯·芒福德（Lewis Mumford），《明天的昨日城市》，《建筑实录》CXXXII（NO.vermber 1962年）。

英国城市工作组，《引导城市复兴》，劳特利奇出版社，1999年。

青木仁，《创建日本型魅惑城市》，日本经济新闻社，2004年。

岩田规久男，小林重敬、福井秀夫，《城市和土地的理论——经济学、城市工学、法制论的学际分析》，行政出版，1992年。

明石达生，《新城镇创建的三种方法中的城市规划范式转换》，《季刊城市建设》第13号，2006年12月，14-17页。

宇泽弘文，《作为社会共通资本的城市》，宇泽弘文等《关于21世纪城市的思考——作为社会共通资本的城市2》，东京大学出版会，2003年。

大谷幸夫，《城市空间的设计——历史中的建筑和城市》，岩波书店，2012年。

冈村一郎，《写真集明治大正昭和川越——故乡的记忆》，国书刊行会，1978年。

河原田千鹤子、福川裕一，《基于SRU法的街市建筑规制的相关研究——巴黎的特别POS到PLU的展开》《日本建筑学会计划系论文集》第600号，2006年，143-152页。

环境文化研究所·川越市，《川越的街道和设计规范》，1981年3月。

香山寿夫，《创建城市的住居——英国和美国的联排住宅》（建筑巡礼8），丸善出版，1990年。

川越一番街街道委员会，《街道委员会30周年》，2017年。

东京都，《城市白皮书‘91——为了繁荣生活的城市》，东京都城市规划局，1991年11月。

福川裕一，《历史环境的保全——川越一番街的城镇建设》，建筑规划教科书研究会编著《建筑规划教科书》，彰国社，1989年。

福川裕一，《何为城市住宅的城市规划进程》《城市住宅学》第9号，1995年3月，53-67页。

福川裕一，《分区和总体规划——美国的土地利用规划与规制系统》，学艺出版社，1997年。

福川裕一、青山邦彦，《我们的理想城市1——我们的街道有特色》，岩波书店，1999年。

福川裕一，《街道保护——激活城镇资源（2）》《生活科学II营造居住环境的城镇建设》（放送研究生院教材），2002年。

福川裕一，城建企业Ship Network（总括），《水晶巨蛋和一番街——高松丸龟町商业街A街区第一种街市再开发事业》，《新建筑》，2008年1月，156-166页。

福川裕一，《高松市丸龟町再开发的意义》《季刊城市建设》第23号，2009年6月。

福川裕一、西乡真理子、城建企业Ship Network（总括），《高松丸龟町商业街壹番街、贰番街、叁番街拱廊 高松丸龟町商业街BC

街区小规模渐进式再开发事业》《设计规范和生活方式品牌化》《设计规范和拱廊》，《新建筑》，2011 年 10 月，86-91 页。

福川裕一，《长滨、高松市丸龟町、石卷体现出的现代性综合试探》，南一诚等《构建市民和专家协作的符合成熟社会的建筑关联法制度》，UNIBOOK，2013 年。

福川裕一，《再论城市建设的五条规则——探寻“城市规划”的替代品》，《地域开发》第 607 卷，2015 年 5 月，36-39 页。

森美术馆，《新陈代谢的未来城市展——战后日本如今复苏的梦想和愿景》（展览会目录），2011 年。

**第 6 章**

埃比尼泽·霍华德 (Ebenezer Howard)，《明天的田园城市》，MIT 出版社，1965 年 3 月（修订版）。*初版发行是在 1898 年，初版的题目为《通向真改革的和平大道》。

明石光夫，《关于高松丸龟町商业街的再生》，《新城市》第 57-1 卷，2003 年 1 月。

石原武政，《商业城市建设 口辞苑》，硕学社，2012 年。

木原启吉，《国民托管组织运动》，三省堂。*1998 年的新版为《国民托管组织运动——关于守护自然和历史环境的住民运动的国民托管组织的全部》。

再开发协调协会，《关于新型再开发的发展的建议》，2003 年 5 月。

西乡真理子，《A 街区再开发事业的特征和意义》，《季刊城市建设》第 13 号，2006 年 12 月，36-41 页。

地区规划顾问团，《实践中的“城镇规范”研究川越的试探》（NIRA 研究丛书 NO. 880009），1988 年。

通商产业政策史编纂委员会，《90 年代的流通概览》，通商产业调查会。*产业构造审议会流通部会中小企业政策审议会流通零售委员会《关于90年代流通的基本方向——90年代流通概览》，1989年6月9日。

通商产业政策史编委员会，《通商产业政策史12 中小企业政策1980-2000》，独立行政法人经济产业研究所，2013年。

野口秀行，《地域内资金循环的结构》《季刊城市建设》第13号，2006年12月，46-50页。

平竹耕三，《共有地和永续的地域社会》，日本评论社，2006年。

福川裕一，《中心街市活化——隘路在何方？》，《造景》第30号，2000年12月，78-82页。

福川裕一，《丸龟町期待的空间和设计》，《季刊城市建设》第13号，2006年12月，52-54页。

福川裕一，《高松市丸龟町商业街和城市再生的特别措施法》，《地域开发》第562卷，2011年，36-41页。

福川裕一、西乡真理子，《依赖于民间非营利性组织（城建企业）的再开发——必要性和成立条件》，《日本建筑学会计划系论文集》第467号，1995年1月，153-162页。

福川裕一、西乡真理子，《彻底研究 = 高松丸龟町再开发——土地主体设计》，日本建筑学会《中心街市活化和城建企业》（城市建设教科书第9卷），丸善出版，2005年。

松岛茂，《如何解读中小零售商业政策和中心街市政策》，日本建筑学会《中心街市活化和城建企业》（城市建设教科书第9卷），丸善出版，2005年。

**第7章**

足立俊辅、榎本悟、玉井哲雄，《石卷町屋调查报告——湊町石卷研究 其1》，《日本建筑学会学术讲演梗概集F-2 建筑历史意匠》，2005年7月31日。

国土交通省土地建设产业局，《关于受灾街市等地街区再生计划的土地利用促进等的调查报告书——以民间为主体的致力于迅速恢复美丽且具有活力的城镇的方案》2012 年 3 月（受托：城建企业 Ship Network）。http：//www.mlit.go.jp/totikensangyou_tk2_000066.html

福川裕一、城建企业 Ship Network、城建企业 JSDA，《城建企业为主体的复兴计划——石卷创意街区石卷立町二丁目五番地区中央二丁目一番地区第一种街市再开发事业》，《新建筑》，2017 年 2 月。

## 后记

创意街区推进核心成员会议，《复兴的利器 创意街区——迄今为止的发展状况总结》，2013 年。http：//creative-town.com/archives-links/archives/

经济发展论坛，《对地方创生的紧急提案——创建“街道腹地”》，日本生产性本部，2015 年 5 月 11 日。https://www.economic-growth-forum.jp/pdf/jegf_survey150511_02.pdf

内阁府，《城镇人口职业创生综合战略（2015 改订版）》，2015 年。http：//www.kantei.go.jp/jp/singi/sousei/info/pdf/h27-12-24-siryou2.pdf